走近神秘的
武器家族

★★★★★ 主编◎王子安 ★★★★★

WEAPON

汕头大学出版社

图书在版编目（ＣＩＰ）数据

走近神秘的武器家族 / 王子安主编. -- 汕头 ： 汕
头大学出版社，2012.5（2024.1重印）
ISBN 978-7-5658-0761-9

Ⅰ．①走… Ⅱ．①王… Ⅲ．①武器－青年读物②武器
－少年读物 Ⅳ．①E92-49

中国版本图书馆CIP数据核字(2012)第096718号

走近神秘的武器家族　　　　　　　　　　ZOUJIN SHENMI DE WUQI JIAZU

主　　编：王子安
责任编辑：胡开祥
责任技编：黄东生
封面设计：君阅书装
出版发行：汕头大学出版社
　　　　　广东省汕头市汕头大学内　邮编：515063
电　　话：0754-82904613
印　　刷：三河市嵩川印刷有限公司
开　　本：710 mm×1000 mm　1/16
印　　张：16
字　　数：90千字
版　　次：2012年5月第1版
印　　次：2024年1月第2次印刷
定　　价：69.00元
ISBN 978-7-5658-0761-9

前　言

　　浩瀚的宇宙,神秘的地球,以及那些目前为止人类尚不足以弄明白的事物总是像磁铁般地吸引着有着强烈好奇心的人们。无论是年少的还是年长的,人们总是去不断的学习,为的是能更好地了解与我们生活息息相关的各种事物。身为二十一世纪新一代的青年,我们有责任也更有义务去学习、了解、研究我们所处的环境,这对青少年读者的学习和生活都有着很大的益处。这不仅可以丰富青少年读者的知识结构,而且还可以拓宽青少年读者的眼界。

　　作为战争活动中的重要物质屏障,武器是影响战争结果的重要因素。当然,掌握、运用、决定武器效果的还是"人"。人类的社会历史,在很大的程度上由战争推动,而这其中的"杀手的利器"——武器,即起到了重要的功能。本文讲述的即是跟武器相关的知识,共分为六章,分别讲述了古代兵器、空中武器、海战武器、陆地武器、导弹武器、轻武器等相关内容。语言通俗易懂,介绍详尽。通过阅读此书,青少年读者一定会对武器有一个大致的了解。

　　综上所述,《走进神秘的武器家族》一书记载了中外建筑知识中最精彩的部分,从实际出发,根据读者的阅读要求与阅读口味,为读者呈现最有可读性兼趣味性的内容,让读者更加方便地了解历史万物,从而扩大青少年读者的知识容量,提高青少年的知识层面,丰富读者的知识结构,引发读者对万物产生新思想、新概念,从而对世界万物有更加深入的认识。

此外，本书为了迎合广大青少年读者的阅读兴趣，还配有相应的图文解说与介绍，再加上简约、独具一格的版式设计，以及多元素色彩的内容编排，使本书的内容更加生动化、更有吸引力，使本来生趣盎然的知识内容变得更加新鲜亮丽，从而提高了读者在阅读时的感官效果，使读者零距离感受世界万物的深奥、亲身触摸社会历史的奥秘。在阅读本书的同时，青少年读者还可以轻松享受书中内容带来的愉悦，提升读者对万物的审美感，使读者更加热爱自然万物。

　　尽管本书在制作过程中力求精益求精，但是由于编者水平与时间的有限、仓促，使得本书难免会存在一些不足之处，敬请广大青少年读者予以见谅，并给予批评。希望本书能够成为广大青少年读者成长的良师益友，并使青少年读者的思想得到一定程度上的升华。

2012年7月

目 录
contents

第一章

古代兵器

兵器按火药的应用来分可以分为热兵器与冷兵器。一般来讲，中外研究中都把火药用于古代兵器作为一个历史的分期阶段，也就是说，在火药发明以前，军队里使用的兵器称为冷兵器。火药发明并开始用于战争以后，就出现了火药制作的兵器，也就是火器。这时期是冷兵器和火器并用时期。

中国古代兵器大概可以分成三个阶段。首先是史前时期，从考古学来讲叫石器时代，我们称这个阶段的兵器是石器时代的兵器；开始出现青铜冶铸后，这时候兵器的主要材质就开始变成了青铜，我们称这个时期的兵器为青铜时代的兵器；人们懂得了金属的冶炼后，这时候军队使用的兵器的主要材质也就改为钢铁了，兵器从此进入了铁器时代。

西方中世纪虽然黑暗，但是这种黑暗和随之而来的神秘气息中也带上了浓浓的华丽和浪漫。长矛和铠甲、城堡和骑士，都是那个时代最著名的标志。在以中世纪为蓝本的动漫作品中，也都或多或少有着这些标志的影子，比如鹰之团和黑色剑士的雄姿，还有自由骑士和黑色将军之间的挑战，就连那种动漫作品以及游戏中多到泛滥的"勇者"们也是这样。虽就战争艺术而言，它们也许粗陋不堪，但那种浪漫的美感却超越了时间的界限，永远地存留了下来。本章将带领大家去看看中国古代兵器和欧洲中世纪兵器，希望能帮助大家对古代兵器获得更深的了解。

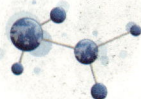

中国古代兵器

◆ 短兵器

（1）刀

刀是古代一种用于劈砍的单面侧刃格斗兵器，由刀身和刀柄两部

商代时期铜刀开始渐多，一般刀身较小，有直柄刀、兽首刀、长刀等。商末至西周时期刀的形制仍没有太大变化，但在北方草原少数

青铜刀

分构成。刀身刃部狭长，刀柄有短柄和长柄之分。中国古代刀的出现，源于新石器时代，这一时期主要以石刀为主，另有骨刀。考古学家在甘肃东乡马家窑发现了现存最早的青铜刀，大约距今5000年左右。

民族地区兽首刀极为流行，近现代有大量实物出土，可以看出当时的青铜冶铸技术及制造工艺都已经达到相当高的水平。西汉时期，刀有了长足发展，最有代表性的为环首刀（也称环柄刀），一般为钢铁制

环首刀

造，直背直刃，刀背较厚，刀柄窄呈圆环状，刀形细长。两汉时代刀的长度多为一米左右。环首刀一直沿用到南北朝时期。另外汉代还有阮家刀。据说阮师作刀"受法于宝青之虚，以水火之齐，五精之陶。用阴阳之候，取刚柔之和"，三年造刀1770口。

北齐时期发展了晋代创造的用生铁与熟铁合炼成钢的灌钢法，造出了著名的宿铁刀。此刀钢质柔韧坚硬，经久耐用，可以"斩甲过三十扎"。隋唐时期军队中大量使用横刀和陌刀，并配有双附耳的刀鞘。横刀也称佩刀，短柄。陌刀也称拍刀，为长柄两刃刀，长约三米，主要流行于盛唐。北宋开始出现以后各代一直沿用的手刀，刀身及刃部较宽，刀头上翘，刀柄有护手。另外在宋《武经总要》中还介绍了掉刀、掩月刀、戟刀等多种刀型。火器的出现使刀在战争

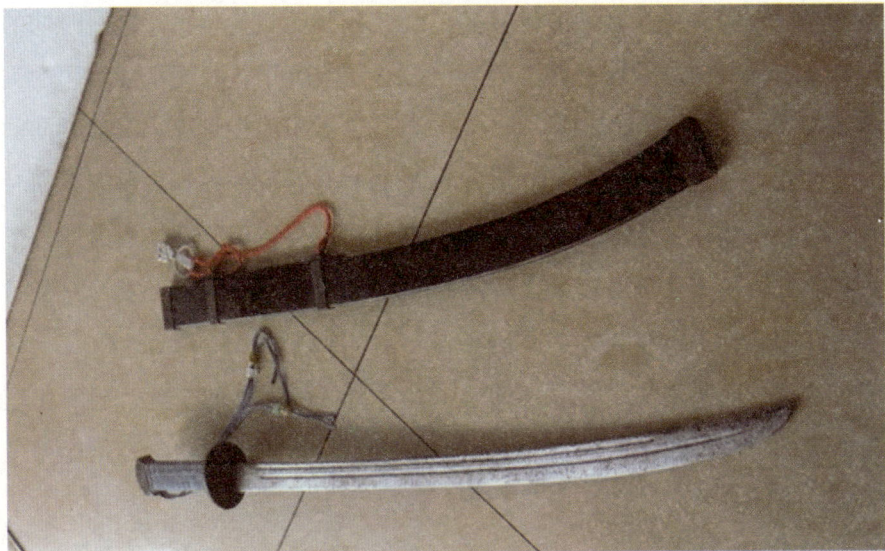

古代官刀

中的威力也逐渐减弱，因此宋以后用于实战的刀开始日趋减少。明清时期腰刀已不再是有效的进攻武器，除被部分骑兵使用外，一般被用作防身工具和权力等级的象征。

（2）剑

剑是古代用于劈刺格斗的兵器，又称直兵。一般为直身尖锋双刃，由首（多为圆形）、柄、格、身构成，多数配剑鞘。剑和刀一样都是最为普遍使用的一种冷兵器，所以出土量大、种类繁多，包括长剑、短剑、巨剑、佩剑、曲剑、怀剑、三棱剑、

剑

刺剑、劈剑等多种。制剑的材料多以青铜、钢铁为主，也有做工考究的镶嵌剑、鎏金剑及玉具剑。

在中国，剑始见于商代北方草原游牧民族，常见的是一种曲柄式青铜剑。从商代至西周，在黄河和长江流域都出土了北方草原地区流行的剑，这些剑使用时以直刺为主，剑的长度很短，一般在30厘米左右，可随身佩带，用途以防卫为主。进入春秋战国时期，剑的制作及使用几乎都达到了顶峰，特别是吴、越两国，出现了一批珍贵的传世名剑，如"越王勾践"剑（湖北江陵望山一号楚墓出土）、"越王州句"剑、"吴王夫差"剑（河南辉县出土）、"吴王光"剑（安徽南陵县出土）等，这些剑在东周文献中也多有记载。

战国时期铁剑也开始使用，锻制技术达到极高的程度，剑从原来短而厚向长而薄发展，最长者达一米多。西汉时期，盛行用剑，钢铁剑已占极大比例，但仍有少量铜剑。玉具剑也极为盛行，西汉南越

王墓出土的尤为华美。这一时期的剑，讲究实用，除用于装饰用的剑以外，做工很少雕琢。秦代时期剑的制造开始减少，到魏晋南北朝时期基本不再使用。至隋唐时期，佩剑之风盛行。

（3）鞭

鞭，短兵器的一种，起源比较早，至春秋战国时期已经很盛行。据《左传》记载："楚旧臣伍子胥，因父兄被平王害，乃投吴，佐吴伐楚。入郢，平王已死，乃鞭荆平王之墓，以报父兄之仇。"《周礼·地官司市》亦载："凡市人则胥吏执鞭度守门。"至隋唐五代，将士尤善使用铁鞭。《中国兵器史稿》记载："冯氏兄弟所著《金石索》，图有后梁招讨使王彦章之铁鞭或铁锏一具，长：汉尺6尺2寸，重：清秤15斤，凡19节，每节以铜条束之，柄饰木而束以铜，柄端如锤，四面环列'赤心报国'四字，字色绿，似熔铜铸就者。"宋代鞭是军队的兵器种类之一。明代鞭的种类也很繁多。至清代鞭也受到了

满族人的喜爱而流传较广。鞭有软硬、硬鞭之分。硬鞭多为铜制或铁制，软鞭多为皮革编制而成。常人所称之鞭，多指硬鞭。七节鞭、九节鞭、十三节鞭谓之软鞭。鞭适用于马战与步战。硬鞭一般用于马

变而成。春秋时期，钩与戈、戟并用。据《汉书·韩延寿传》载："延寿又取官铜物，侯月蚀铸作刀，剑，钩。"颜师古注：钩，亦兵器也，用法有钩，缕，掏，带，托，挑，刺，刨，挂，推，架等。

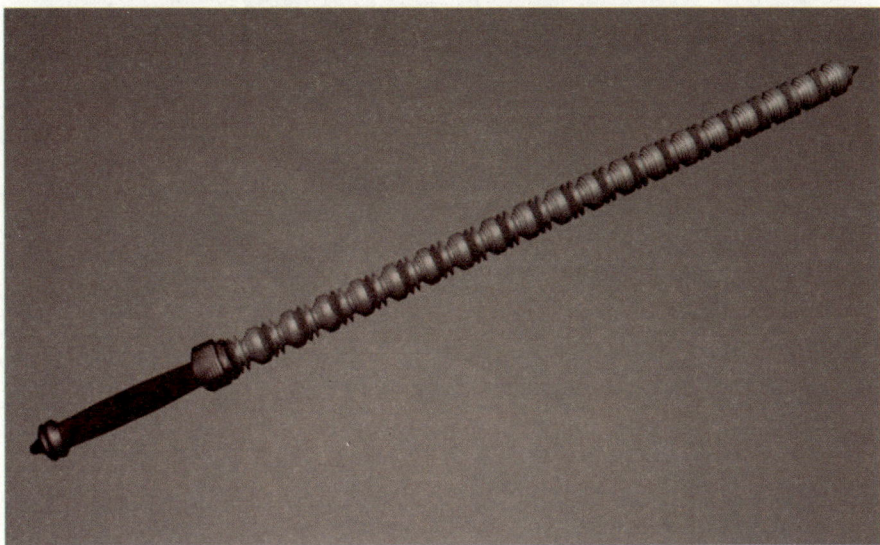

鞭

战，持鞭之将多持双鞭。钢鞭沉重而无刃，以力伤人，故持鞭者均需大力勇。常见鞭的种类有：方节鞭、秦家鞭、尉迟恭鞭、雷神鞭、尾鞭、竹节鞭、蛇形鞭等。

（4）钩

钩，古兵器的一种，由戈演

演练时起伏吞吐如浪式。

钩是一种多刃的兵器，有单钩、双钩、鹿角钩以及挠钩等，因钩的形式不同而得名。有：鹰嘴钩，其钩尖如扁担头；鹿角钩，其钩身有叉，形如鹿角；挠钩，长杆，杆端有两钩向下弯曲。鹿角刺

又名"绊马钩",形如梅花鹿角。它铁制,多刺,具有一件多用、短械长用的功能,特点是擅长绊马钩人,亦能用于攀登墙壁。主要用法

记·魏公子列传》记有魏公子信陵君,令朱亥用40斤铁椎(椎即锤)击杀晋鄙,夺取军权的故事。锤虽非常备兵器,但历代都有使用。明

钩

有刺、戳、扎、挂、勾、挡、架、绞、拖绊、缠等。

（5）锤

锤是一种头部呈球状的打击兵器。新石器时代晚期有石锤,后来又发展为青铜锤和铁锤。《史

军常使用绳系飞锤。清军在入关前还组建过专用铁锤的铁锤军。虽然锤运用的不是很多,但大家对岳云等用锤的名将也应该有所耳闻。锤也非常人可以运用自如的。锤在明代禁卫军中是必备之物,因明代皇

宫中所有大殿之中是禁止使用刃器的。锤在军队中也是武将不可缺少的后备兵器。现如今人们认为古代的锤既大又重是不正确的，《武经总要·器图》记载：岳云所使之双锤略大于拳，重约八十余斤。可见锤并不像人们想象或在戏曲中看到的那样硕大与沉重。锤也可代表各

锤有骨朵、蒺藜、蒜头等多种造型，而锤上装饰或锤头出现14面体（由6个正方型面，8个正三角型面与12个角组成）的器型则多数为清代之物。

锤大体有长柄锤、短柄锤、链子锤等类型，也有分硬锤、软锤的。长柄锤多单用，短柄锤多双

锤

时期的文化与艺术，现流传下来的锤多数为明清两代的。明代常见的

使。由于锤的特点各异，使用方法也大不一样。短柄锤多沉重，使用

时硬砸实架，其用法有涮、拽、挂、砸、架、云、盖等。软锤多走悠势，讲究巧劲。

（6）锏

锏也称简，因它的外形为方形有四棱，形状似简，而得其名。《武备志》载："鞭，简，蒺藜，蒜头，皆短兵器中最短者，以力士求，奋扬可前，足以靡三军，其制大同小异。"锏为铜或铁制之，长为四尺。锏由锏把和锏身组成。锏把有圆柱形和剑把形两种。锏身多为正方四棱形，粗约二寸，其后粗，前端细，逐步成方锥形。锏把和锏身连接处有护手。锏把末端有手花，手花中有一孔可系丝弦或牛筋悬于手腕。锏多成对使用。

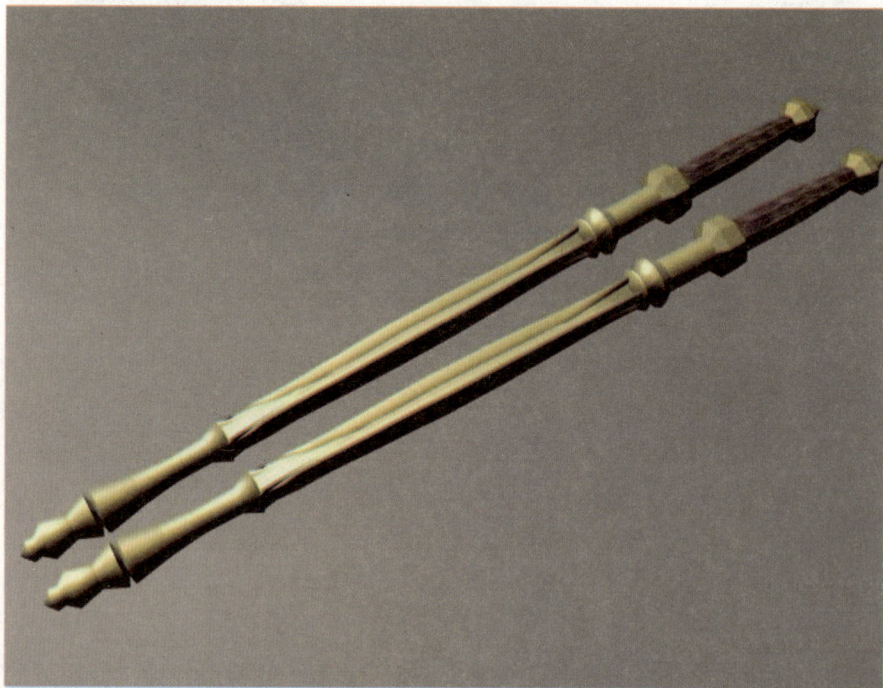

锏

10

◆ 长兵器

（1）戈

戈，中国古代用于钩杀和啄击的冷兵器，由戈头和柄组成。戈头多为青铜铸造。柄多为竹、木制作，长度通常为1米左右，最长不超过3米。戈盛行于商代至战国时期。战国晚期，铁兵器使用渐多，逐渐淘汰了青铜戈，至西汉后期戈已绝迹。

戈头，分为援、内、翻三部分。援是平出的刃，用来勾啄敌人，是戈的主要杀伤部。长约8寸，宽2寸，体狭长，多数体中有脊棱，剖面成扁菱形。援的上刃和下刃向前弧收，而聚成锐利的前锋。内位于援的后尾，呈棒状，用来安装木柄，有直的，也有末尾向下弯曲的。内上面有穿绳缚柄的孔，称为"穿"。为了避免在挥杀时向后脱，有的戈在援和内之阑设有突起的"阑"。翻是戈援下刃接近阑的弧曲下延。沿阑侧增升缚绳的穿孔，这部分称为胡。开始时，胡只是为了增加穿孔而设，龋越长穿孔越多，柄和戈头缚绑得更坚固，所以胡部就越来越长。两周时期将胡身加刃，增加了戈的勾割能力。瑚的长度一般为戈刃的三倍，即6寸，到了战国时期，胡的长度又有所增加，成为长胡多穿式戈。

戈的柄即木柄。为了便于前砍后勾，多用扁圆形柄，以利于把持。戈柄的长度不一样，根据实战需要决定，步战用的柄短，车战用的柄长。

早期只是为了便于使戈在不用时插在地上，不致斜，所以在柄的尾端加上一个铜制蹲，并不能杀伤敌人。戈盛行于中国商朝至战国

铝铜戈

时期，具有击刺、勾、啄等多种功能。它的缺点是容易掉头、转头，使用不够灵活。随着兵器和战术的发展，戈逐渐被淘汰，后来还一度成为仪仗兵器。

（2）矛

矛的基本形制有狭叶、阔叶、长叶、叶刃带系和凹口骹式等。

矛属于刺兵，是枪的前身。原始社会，人类就用兽角、竹片、尖形石块刺杀动物，后来加上柄，就成了矛。周代五兵，矛占其二，可知矛为当时的主要兵器。

矛是一种直而尖形的刺兵，主要功能是刺击，由矛头、柄和柄

矛 头

末端的激组成，它与戈、戟、殳、弓、矢并列为"五兵"。春秋时期的矛，按其用途分为酋矛和夷矛两种。据《考工记》上说，酋矛柄长二丈，是步卒使用的兵器；夷矛柄长二丈四尺（均周尺），是战车上使用的武器。当时的矛头多为青铜质，但形制开始从凸脊扁体双叶形趋向三叶窄长棱锥形，前锋更加锐利，刺透力增强。骹部有穿孔，使矛头能更牢固地安装在柄端。矛杆长度一般为270~290厘米。1971年长沙春秋晚期楚墓中出土的两支带柄之矛，一支柄长297厘米，木质；另一支柄长280厘米。春秋后期，公元前484年（周敬王三十六年、鲁哀公十一年），齐军侵鲁，鲁季孙氏家臣冉求帅三百徒卒参加战斗，"用矛于齐师，故能入其军"。可见矛当时已是步兵同车兵战斗的有效兵器。

（3）枪

枪是一种在长柄上装有锐利尖头的兵器。枪的别名叫"肩二"，《清异录》："蜀王建军

中隐语，枪曰'肩二'。"枪亦称为'一丈威'，《事物异志》："隋炀帝易枪名为一丈威。"枪的历史可以追溯到原始社会。原始的长枪仅仅将木棒头削尖就是了。《通俗文》："削木伤盗曰枪。"汉时的枪与矛的形制相似，多以长木杆或竹竿为杆，装上锐长枪头，配以枪缨即制成。相传诸葛亮制的

不同用途的长枪其长度各不相等。用于车战、骑战的枪明显长，用于步战的枪明显短；用于守城御寨的明显长，用于进攻的枪明显就短。长枪可达8米之余，短枪可为1.3米之多。宋代李全用的铁枪，杆长七八尺（2.3~2.6米），重约20多千克。《手臂录》记载："沙军杆子丈八至二丈四""敬严木枪

青铜枪头

木柄枪长达两丈（约6.7米），竹枪长达两丈五尺（约8.3米）。《长枪法选·长枪说》："器名枪者，即古之丈八矛也。"

长九尺七寸"。后世习武之人通常以"丈八大枪""七尺花枪""六尺双枪"为标准。枪的种类很多，宋代有双钩枪、单钩枪、锥枪、抓

枪、环子枪、素木枪、拐枪等。清代有蛇枪、火焰枪、钩镰枪、虎牙枪、雁翎枪、十字镰枪等。枪以宋、明两代最为盛行，当时人们创造了样式繁多，用途各异的枪，广

元前16世纪至13世纪），最初以青铜制造，战国末期才逐渐用铁代替青铜。戟是我国古代战国时期极为重要的兵器，它多于战车上使用，最为盛行的时期是西汉魏晋。《三

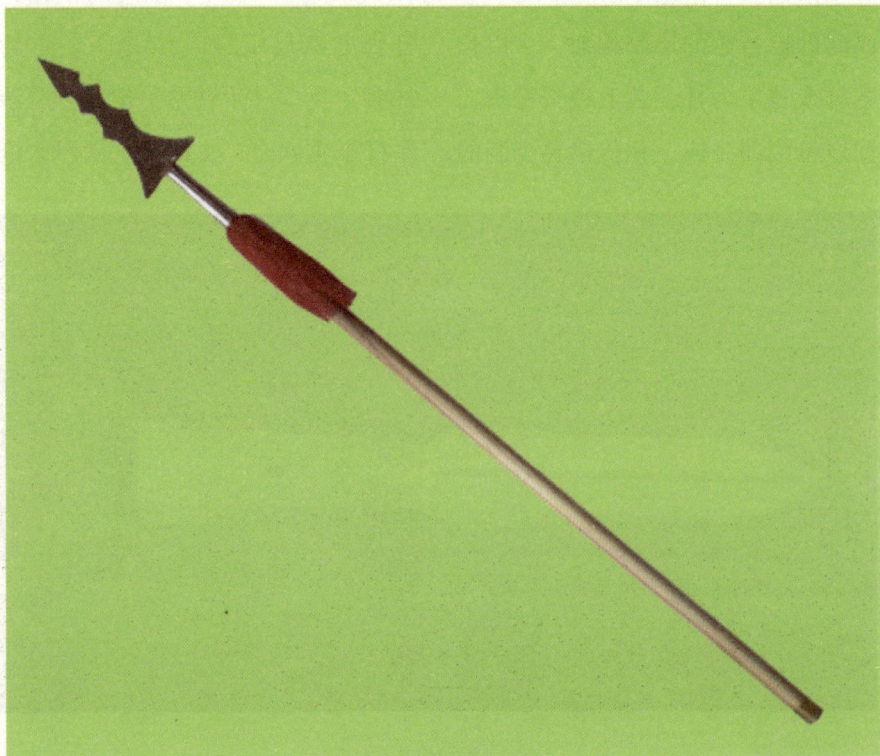

枪

泛运用于步兵和骑兵。

（4）戟

戟最早出现于商代早期（约公

国志·吴志》："吕布手使方天画戟……"晋以后，戟逐渐被淘汰出战争的舞台。到了唐代，戟已被用

为仪仗器物。戟按式样和大小可分为方天画戟、青龙戟、钩镰戟等长兵器，以及双戟、短戟等短兵器。戟都是由锋、援、胡、内、搪五个部分组成。《释名·释兵》："戟有三锋两刃，内长四寸半，胡长六寸，其援长七寸半，三锋者，胡直中短，言正方也，刺者著截，直前如截者也。戟胡横贯之，胡中矩之外勾磬拆，与柄长一丈六尺。"《周礼·考工记》："戟，广有半寸，内二之，胡四之，援五之。"戟用援之法有冲铲、回砍、横刺、下劈刺、斜勒等；用胡之法有横

狼烟戟

砍、截割等；用内之法有反别、平钩、钉壁、翻刺等；用锋之法有通击、挑击、直劈等。

（5）钺

钺也是古代兵器或武术器械之一。钺的起源可以追溯至旧石器时代，当时人们利用天然石料制成有一面或多面刃的生产工具。钺的形成与斧的形成属相同时代。到了商代，铜钺、铜斧有了大量生产，并成为军队的主要兵器之一。以后钺都被各朝代军队所广泛运用。《逸雅》："钺，黵也。"钺也用于仪仗。《书经》云："钺以金饰，王无自由之理，左杖以为仪耳。"钺的式样与斧相同，惟较斧为大。钺比斧头大三分之一，杆长一尺半。钺杆末端有钻。钺在斧头之上加有突出的短矛，长约六寸。使钺之法合斧、矛、枪三者为一体。其法除斧，矛与枪钻用法之外，还有刺、拨、点、追四法。钺有长杆之钺和

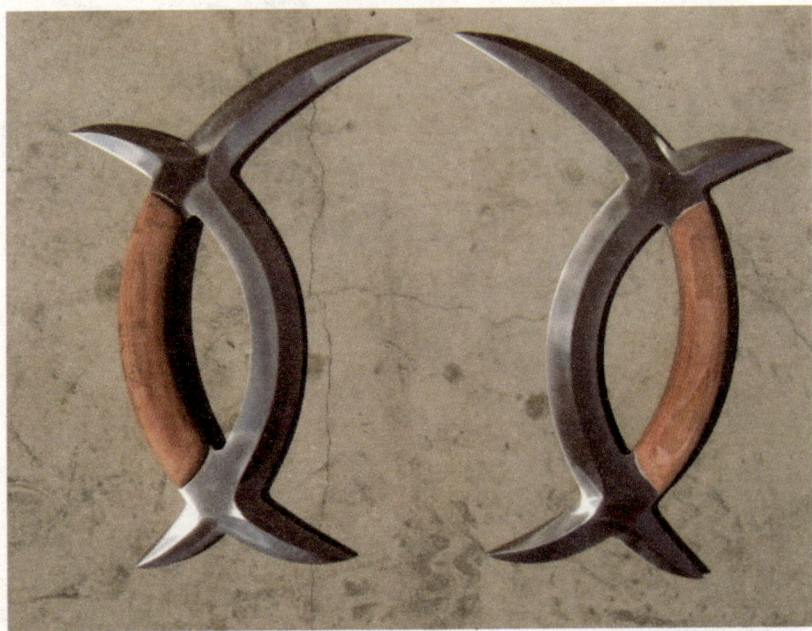

鸳鸯钺

短杆之钺，如八卦掌拳派所用的子午鸳鸯钺，就是一种短双武器。

（6）抓

抓，是在180厘米长柄上安有金属制的指或抓这种打击部的兵器。抓，依其打击部的不同形状，可用来打击、刺戳敌人，甚至还能钩拽而擒之。抓子棒是宋代《武经总要》中记述的一种兵器，是这种兵器的原型。

采用手形打击部的抓，有各种形态和样式，有握拳而中指伸出形的金龙抓，有手握尖钉形的铜拳，还有把铜拳的钉改为笔的抓，叫做"魁星笔"。

这些抓的打击部都是铁制成，大小和普通人的拳头差不多。铜拳和魁星笔，从构造看，是以能使打击力集中到一点为特征的。这种武器最早出于唐代前后，到了宋、元两代，已经广为流行。但是在元朝时期，官方把抓这种武器列为民间

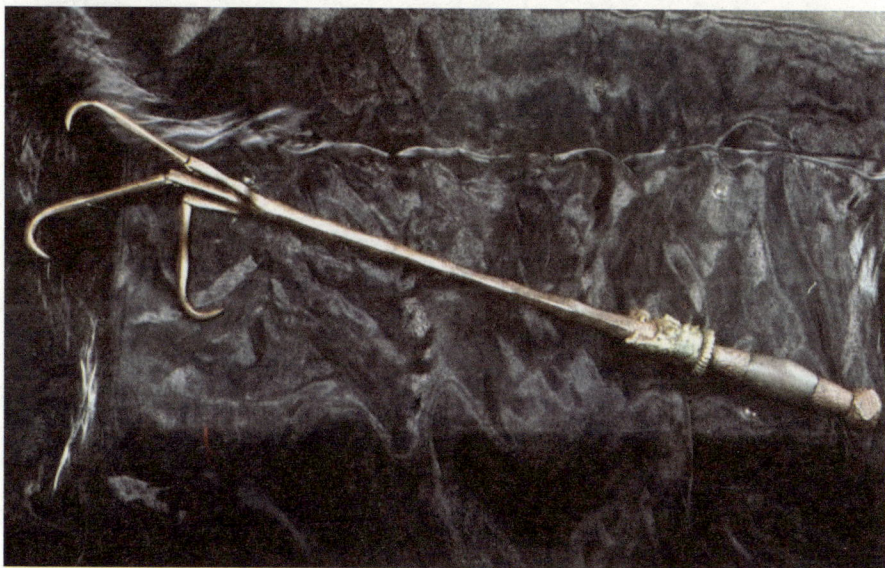

抓

禁止持有的武器之一。

历史上使抓的高手有唐末的李存孝，他是唐末群雄之一李克用的养子，武勇过人。描写唐末到五代之乱的《残唐五代史演义》中的李存孝，使用的是抓的一种变形武器，叫做混天截。这种兵器前端刺击部分形状极为复杂，中央为四尖刃的锋刃，两侧各有两片月牙状锋刃。这种多刃兵器，刺击到敌人时，伤势严重，而且难以治愈。还有带着铁锤的一种抓，威力很大，仅次于多节棍棒。

（7）铍

铍是春秋战国时代的一种长兵器。锋尖两面带刃，形状似剑，以刺为主，但也有相当的砍劈威力。秦始皇陵出土的铍，木柄长约3米，锋尖用青铜制成，长约30厘米，后部有库套，用以安装长柄。

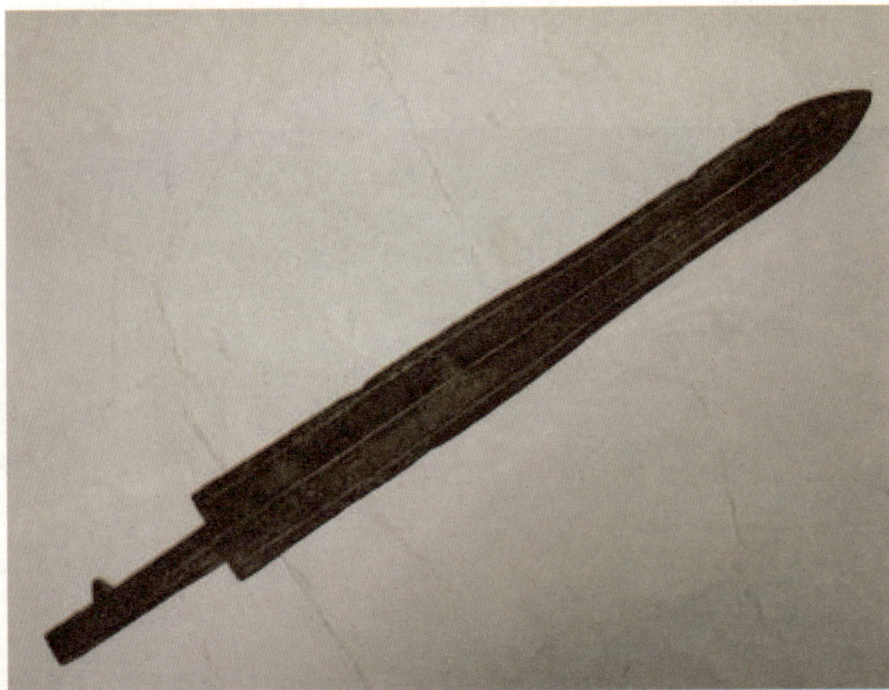

铍

这种兵器只是从文献上查到的一种古代兵器，酷似长矛，而锋刃部分又和剑的形状类似。虽然知道这种兵器的许多用法，但是目前未有任何物品可供考证。直至1976年秦始皇陵兵马俑出土时，铍作为兵士俑的装备，才得到证实。

如上所述，铍由形状似剑的锋尖和通过库套安装的柄这两部分构成。从锋尖形状及安装方式来看，铍和矛有一定的不同之处。根据这一发现，多把以前出土的这类兵器，都应和有库套的剑归为一个大类。但是，不论归属何类，铍是中国古代兵器之一这一点是肯定的。

以前，人们之所以认为铍是一种虚幻莫测的兵器，可能是因为它有时以枪的形象出现，而有时又被误认为是大刀的先祖——长柄剑的"化身"的缘故。

（8）耙

耙是由农具发展而来的。作为兵器的耙，不同于原型的农具，是在木柄上装有一个宽大而多齿的耙，不但有很强的攻击力，而且也是一种防御敌人攻击的有效武器。

耙，最早出自明代中国沿岸，曾用于抗击伪寇。而作为原型的农具的耙，历史悠久，可追溯到南北朝初期。可以认为，在把它作为兵器来装备军队的明朝以前，在农民起义军里，作为武器来使用的农具（耙）大概就是耙的起源。就耙而论，在农具中有很多种类，而且用途各异。也正因为如此，耙的形态也是丰富多样的。

耙作为原型的农具，是木制或竹制的，所以使用"耙"这个字。但是，在变成武器而使用金属时，为有别于农具，因此使用了"钯"这个字。在耙这类武器中，诸如"扒"这些古代农具的名称，都是当时普遍使用的汉字，后人并未加以改动。

在中国古代，关于耙的传说很多。其中，《西游记》中的猪八戒尤享盛名，形象令人难忘。他使用的钉齿耙由泉涌神冰铁制成，耙

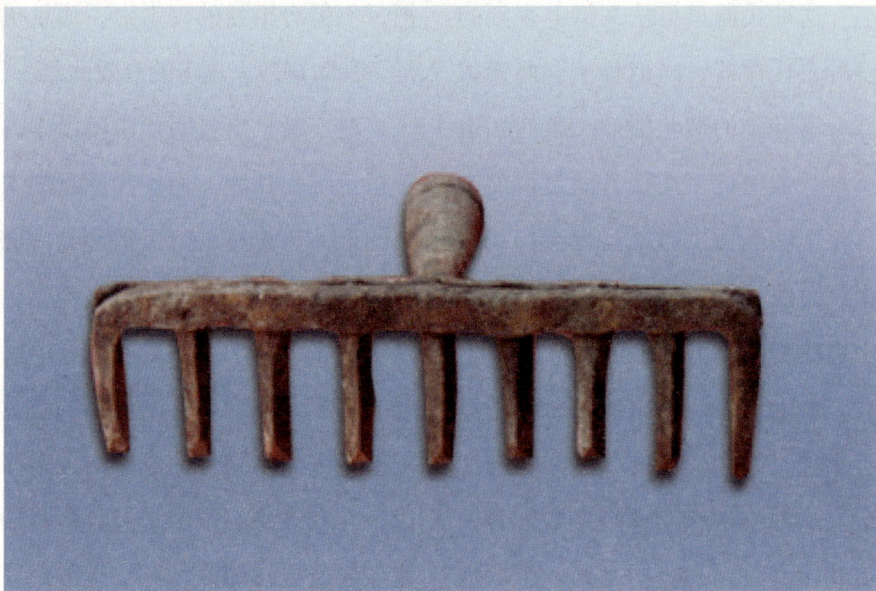

耙

上有九根尖齿。这不是一把普通的齿耙，而是由法宝先祖太上老君执槌，火神荧惑火德神君添炭炼造而成，取名为"上宝逊金耙"。它的重量高达三吨，为一般凡人所不能使用。而且长短粗细，可按主人意志随意变化。猪八戒原本是天河水军司令，号称天蓬元帅。这个上宝逊金耙，就是猪八戒当初就任时，由玉皇大帝所赐。

（9）斧

斧又名戚、惧、斤、铁糕糜等。斧因其式样和用途的不同，而有不同的名称。但大体式样基本相同，均为一面是扇型刃，一面是长方形，下部装有木柄。斧的用法有：挑、拦、架、格、砍、抹、刺等。

早在旧石器时代，就出现了石制的斧，以作耕种捕猎之用。新石

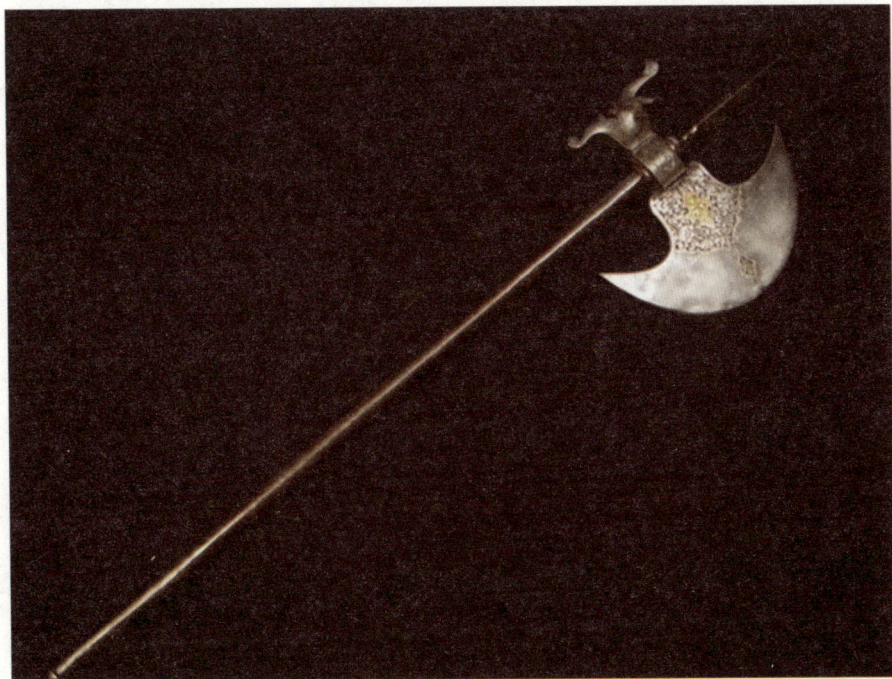

斧

器时代，斧有了椭圆形、扁平形、胄身梯形式样。石斧上凿有洞孔便于挥使。至商代，由于冶铜业的发明，大量的青铜斧成为军队的主要兵器之一。此间，商代还造出了铜铁相间斧。至周代，斧在当时军中逐渐退为次要兵器，大多作为饰物或权利的标志或斩杀的刑具。至春秋战国时，斧向广大的少数民族地区流行。到了秦汉三国之际，战争形式有了很大的改变，骑战和步战成为当时战斗的主要形式。又由于铁器制造业的发展，铁斧的质量和重量有了很大的提高，具有很大的杀伤力，故斧又被军队作为主战兵器之一。至隋唐五代，斧的代表式样有凤头斧、长柯斧等。斧的刃部加厚，手柄缩短，这种斧的砍杀效

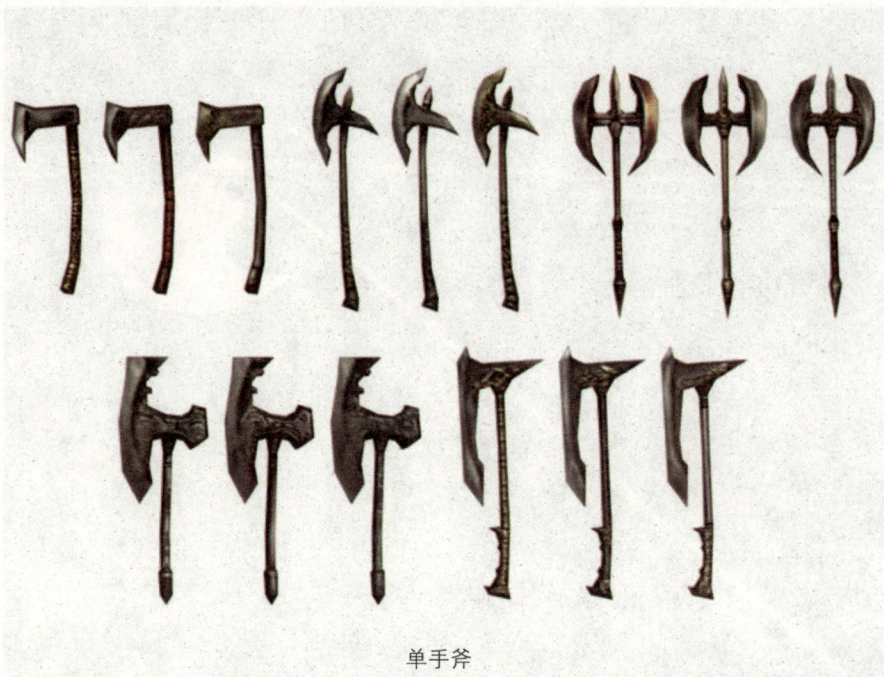

单手斧

果相当高。

至宋元时期，斧在战场上仍然使用。绍兴十年（公元1140年）金兵将领图术率领精兵一万五千余人骑达郾城，宋军名将岳飞领将士各持斧刀，上砍敌人，下斩马足，大败金兵。金将领完颜图术当时承认，"宋用军器，大妙者不过神臂弓，次者重斧，外无所谓"（摘于《会编·征蒙记》）。当时宋军使用的战斧有大斧、凤头斧、娥眉斧等。至元代，蒙古兵使用的战斧有锚斧、镰斧。至明代时，大斧的种类有日华斧、开山斧、无敌斧、静燕斧、长柯斧等，其样式与宋斧相似。清代，斧被编进十大类军器中，八骑前锋营装备了圆刃斧和直刃斧。而绿营装备的是柄长四尺的长柄斧和柄长一尺六寸的短斧。另有每把仅一斤重的双斧，双斧柄长

仅尺余，斧刃很小，携带方便，使用灵活，很受将士的的喜爱。

（10）叉

叉，又称"钢叉"。南方拳派称之为"大耙"或"三指耙"。在远古时代，叉为捕鱼狩猎的生产工具，后演变为一种兵器。《纪效新书》："凡试叉钯（同"耙"），先令自使，手其身手步法合一，复单人以长枪、短刀对较。能架隔长枪、刀、棍，出杀人者为熟。"叉由叉尖和叉把两部分组成。叉尖为钢制，有三股叉，中股直而尖，两侧股由中股底端弧形向前，后粗前尖。通体为圆形或扁平形。叉把为木制或铁制，粗可盈把。按其部位可分为上把段，中段，下把段和把尖。上把段为其顶端接叉处，上把段至把中部为中段，再下为下把段，底端为把尖。叉的主要击法有转、滚、捣、搓、刺、截、拦、横、扦、捂、挑、掏、贯、拍等。

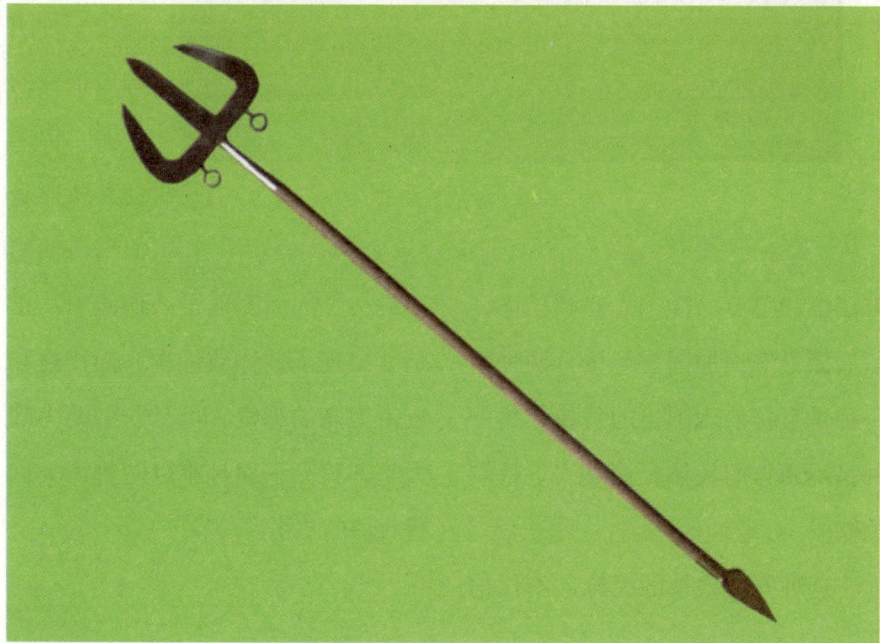

叉

（11）笔 枪

笔枪是以竹作柄，像狼筅那样在柄上保留有三至四节枝体的枪。笔枪的长度大致和狼筅相同，制造

狼 筅

方法也和狼筅一样，先修整枝体，然后涂上桐油加固。笔枪分两种，一种是直接使用削尖的竹枪，另一种是不用竹的枝体，而是安上特制的铁枝。

这种安有铁枝的笔枪，不仅前端锋刃部分不易被敌人的兵器削断，而且具有很好的御敌效果。攻击时，不仅能用前端的锋刃进行刺杀，而且还可以用铁制扎伤、捕获敌人。

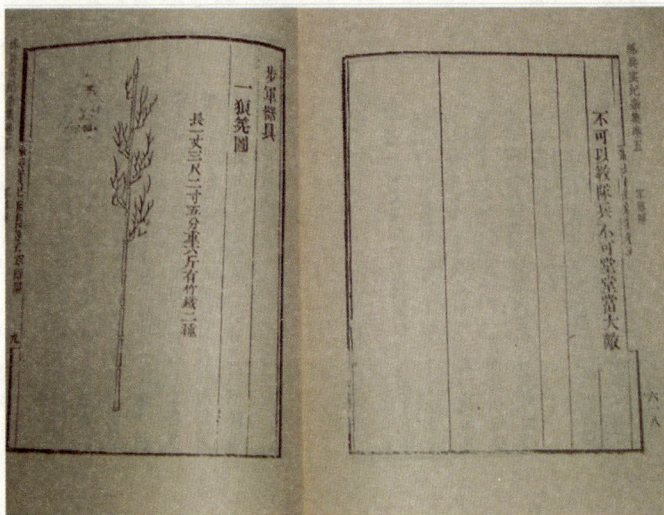

无疑，笔枪是由狼筅发展而来的兵器，出现在明末清初。狼筅的确是一种防御力很强的兵器，但因为其枝体多而重，使用不灵活，因而降低了杀伤能力。于是就出现了枝体数量少，操作性和攻击力高的笔枪，可是防御能力却大不如狼筅，而且难以防御箭矢远程兵器的攻击。

欧洲中世纪兵器

◆ 剑

（1）罗马式短剑

这种武器的出现与罗马军队的作战思想有关。首先是远距离投掷标枪，近距离接敌时用一人高的盾牌防护全身，排的又是摩肩接踵的密集阵，个人没有很大的回旋余地。故而使用的剑很短，主要用于刺击而不是砍削。这种剑用青铜浇铸，长度一般在30~40厘米，用其进行格斗时应尽量刺入对手的要害部位，如心脏或腹部。

（2）英格兰宽刃剑

这种剑是中世纪欧洲军队最普遍的装备，长0.9米左右，单手挥动。剑有两刃，一击不中，不用翻腕即可回击。十字形把手多为铁或黄铜所制，剑柄末端常有一圆球，为装饰。注铅，以维持用力砍劈时手腕的平衡。自罗马帝国湮没后，这种兵器广泛出现在各个战场上，直到14世纪时锁子甲取代简易的皮甲，沉重的宽刃剑逐渐失去用武之地后，才退出历史舞台。

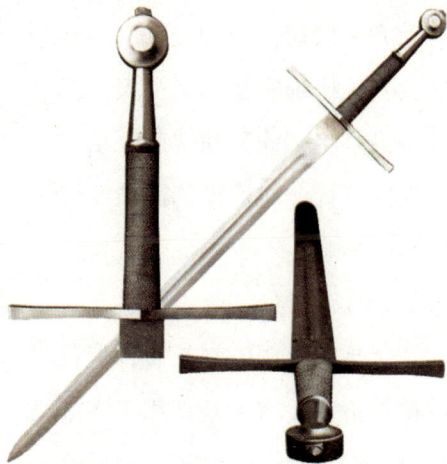

欧洲剑

（3）德国劈刺剑

这种武器最先是为轻装甲的步兵所设计的，但逐渐也为骑士阶层所接受。它有着漂亮修长的直刃和均匀的浅弧收锋，在保证了穿刺的威力的同时也确保了劈砍时的强度。一般来说，它全长约105厘米，刃长86厘米，刃宽4.76厘米，刃厚0.48厘米。无论是砍还是刺都能够保证足够的破坏力和强度。而且这种武器颇为轻巧，只有1.4千克左右。从这点可以看出它是一种以步战为基础而设计的武器。对重型的铠甲破坏力不足，但是却使用方便。它和一般超过1.7米，重过4千克的大剑相比确实是差距很大，但是却是最早将"砍"和"刺"结合在一起的设计，对后世的武器发展有很大的影响。

（4）长　剑

长剑是宽刃剑的细长版，但仅有一侧锋刃，没有大规模用于实战的纪录，多为男子装饰用，或用于决斗。手柄为篮状，可保护手腕不被割伤。可同时与多个对手作战。

西班牙人是用此兵器之高手，他们会绕着圈子快速出剑挑刺，煞是赏心悦目。

（5）刺　剑

它的形状像今天比赛用的花剑，最早出现时并不是武器，而是为了检验铠甲的质量，用剑在铠甲

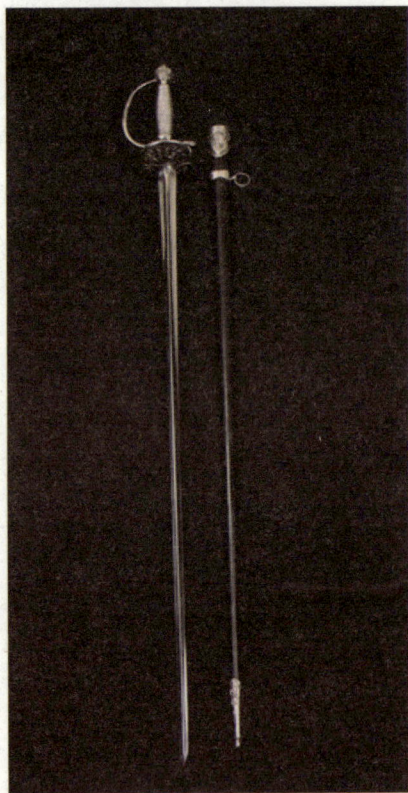

刺剑

上戳刺看能否贯穿，因而得名。后

亦成为装饰品，或者用于决斗。因长剑上修饰过多分量过重，故而刺剑成了欧洲剑客的标志。刺剑出剑更快，但杀伤力极小，如可避开要害，别的部位即便被恶狠狠地捅个透明窟窿亦无碍。

（6）花　剑

最后一种欧洲剑，有四两拨千斤之功。上面碗形的护手可以使人避开重武器的攻击。其杀伤力在于良好的弹性。今天仅用于击剑运动，在黑火药刚在欧洲出现时曾经是火枪兵的防身武器，但没有实战交手的经历。

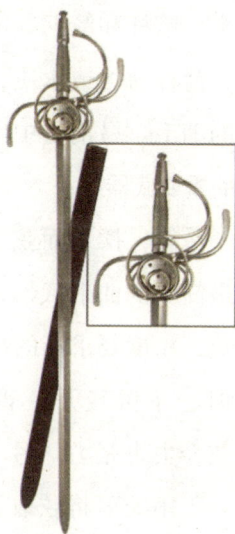

花　剑

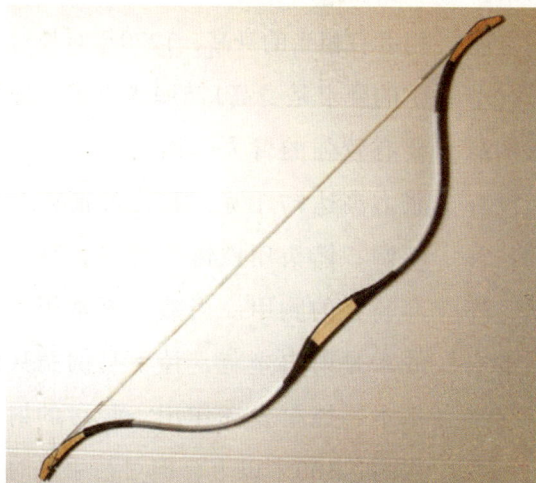

弓

◆ 弓　箭

弓箭，是古代的一种冷兵器。以弓发射具有锋刃的箭是一种远射兵器，它是古代兵车战法中的重要组成部分。

弓箭这种冷兵器由弓和箭两部分组成。弓，由富有弹性的弓臂和极有弹性的弓弦组成，拉开拉弦可向

目标射出扣在弓弦上的箭；箭包括箭头、箭杆和箭羽。箭头为铜或铁制，箭杆为竹或木质，箭羽为雕或鹰的羽毛。弓箭是中国古代军队使用的重要武器之一。

弓者，揉木而弦之以发矢。它是最简单的曲射武器，常用于射程较短，精度要求高的场合。弓非到用时，不可轻开，否则久而久之弓弦会失去张力。弓一般也不能遇水，下雨天要将弦取下（合成弓除外），水会使得弓体易折，弓弦变松。对于身披铠甲的对手而言，弓箭构不成大的威胁，除非是长弓或十字弓。平时弓箭只是用于射猎，战时由为数众多的弓箭手齐射方能成为战斗力。克雷西战役后有个名词被广泛使用，即"冰雹般的箭雨"。弓箭手通常身着轻装，没有盾，但有简易的自卫武器，如匕首或者短剑。弓箭手常列成横队，阵地前埋设木桩，用以阻止骑兵的突击。当箭射完，他们就撤退。弓常有以下几种类型：

（1）普通弓

侵彻力与射程一般的弓，最常被使用。射程常在50~80米左右，弓体用紫杉木或岑木弯曲烘制。轻装的弓箭手较多使用这种弓，因为成本低廉。射箭时朝天开火，等箭自然落下，因为敌人正面多有盾牌的防护，但从天而降的箭雨不易躲过，且落体中增加了速度。箭保存在箭壶中，战斗后捡回。每壶弓箭通常是12支，一般的战斗中齐射3、4轮后骑步就开始突击，基本不会有箭射完这种情况出现。

（2）长 弓

长弓用的同样是紫杉木或者岑木，但弓体长达1.8~2.2米。要求使用者有相当的身高，1279年对长弓手的要求是身高175厘米以上；还要有较强的臂力，因为开弓时的张力高达77千克。长弓的箭亦是特制，箭头用铁铸，可以轻易贯穿骑兵的胸甲。当然，更常用的战术是射击坐骑，掉下马的骑兵基本不能再发挥作用。长弓的射程高达300米以上，但弓箭手平时要保持更多的训练以保证在远距

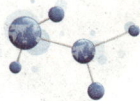

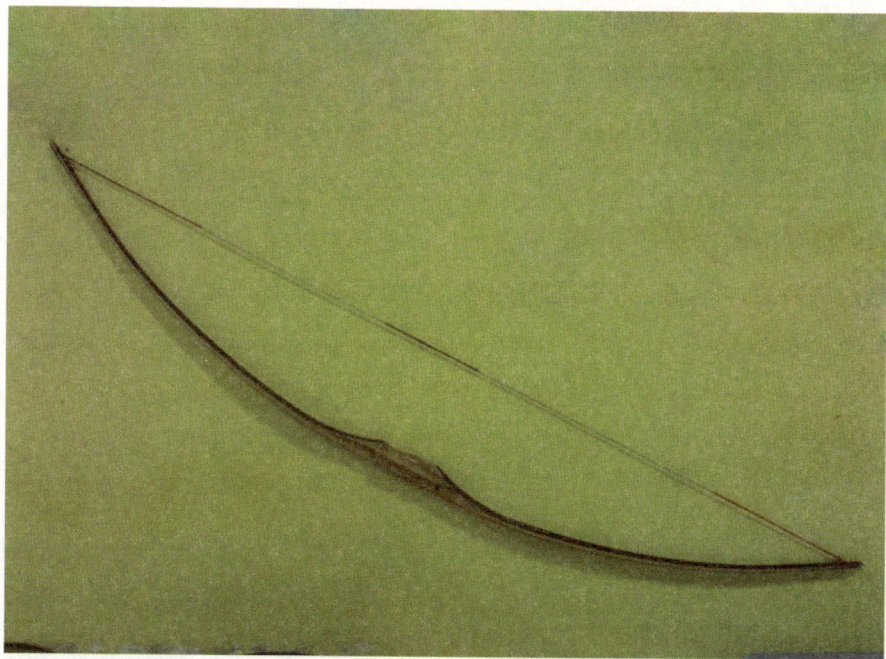

长 弓

离上的射击精度。从1346年的克雷西战役，到1415年的阿金库尔战役，英国的长弓导致重骑兵与十字弓被淘汰。世界上最优秀的长弓手来自苏格兰，他们最早使用这种武器射击野狼来保护自己。

（3）合成弓

合成弓，顾名思义由多种材料制成，通常核心还是岑木等柔韧性好的材料，也有用角质；外面捆绑较硬的木片如椐木，用荆棘的内层粘合；最外包以牛筋。制作工艺要求极高，工序复杂。筋腱和角质具有正反两面相等的弹性，故制成的弓柔韧性极好，不易折断，两端可以弯到一处。这种弓有两种型号尺寸：一是尺寸较小，张弓后宽度只有50厘米左右，弓弦绷得极紧，配用约45厘米长的箭，称为斯基泰弓。公元7世纪的匈奴、12世纪的蒙

古游骑兵使用这种武器。射出的箭在近距离内能穿透一头野牛，煞是惊人。有效射程为60~80米，最远处可达200米；另一种尺寸较大，张弓后约宽1米，弓弦绷紧程度稍次，配用的箭长70厘米，11世纪亚述人的弓和波斯人的弓属这类。值得一

十字弓

提的是，亚述与波斯的骑兵都善于在高速疾驰的坐骑上回身返射，给对手来个措手不及。

（4）竹 弓

竹弓，听上去比较简陋，事实也是如此。日本的武士使用过这种弓，箭头为铁制或者角制。从高速奔驰的战马上射出，射程可达9米左右。

（5）十字弓

十字弓通常分两种，便于携带的被称为轻型十字弓；重型十字弓装置在城楼上，重量可达32千克，如亚历山大的攻城弩、中国的床弩。轻型十字弓弥补了普通弓箭杀伤力与射程的不足，它的射程可达可达350米。不需要什么训练，随便一个躲在灌木从中的农民就可以结果一个贵族，所以在15世纪，十字弓在欧洲是禁用的。"最低贱卑怯的手可以夺走最英勇高贵的生命。"重型十字弓弦则由弹簧钢制成，要用绞盘上紧。中国的床弩上有个机匣，可以安放七八支弩箭，自动上膛，类似于冷兵器中的机枪，但射速低，且不利于携带。

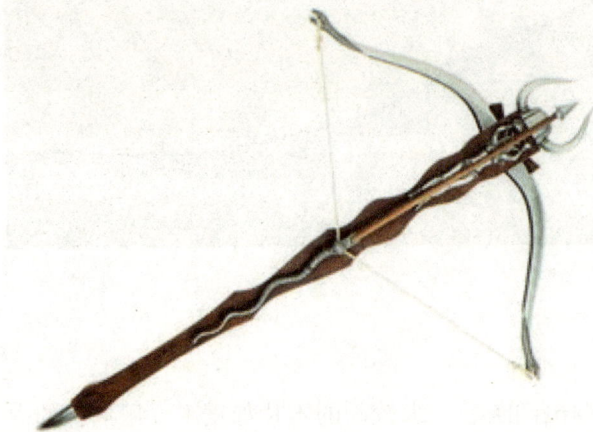

箭分两种，一种是Quarrel，

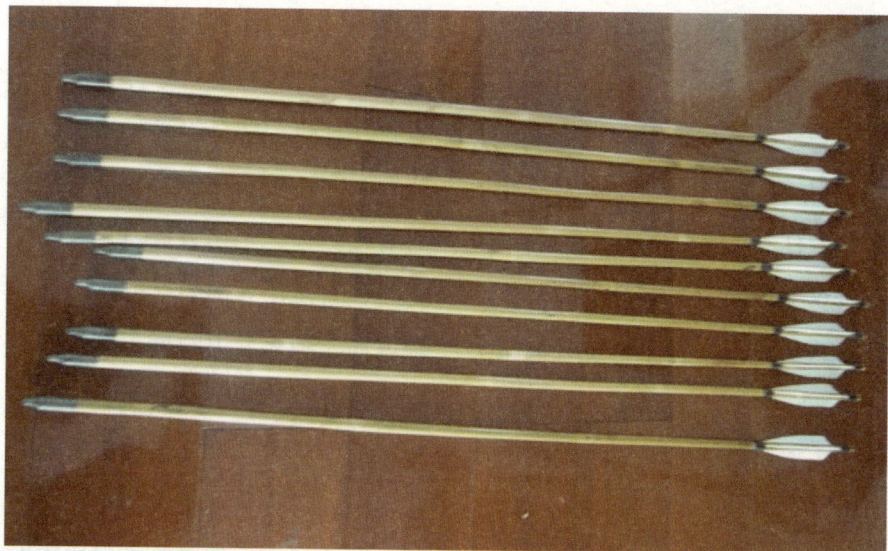

箭

就是通常所说的弓箭，另一种叫Bolt。二者区别在于：Quarrel的箭头为方形或三角形，Bolt的箭头为圆形。前者的精度高，后者加工简易。箭头的材质最早为砍削打磨过的燧石或黑曜石，后为铸铁，也有少量的钢制。箭头狭长尖利者，用于穿甲；扁平带侧锋者，用于射猎。

◆ 双手刀

双手刀，顾名思义

是需要用二只手来操作的兵器，极可能源自于13世纪欧洲的"条顿民族"，是中古时代步兵战斗用的兵器中最笨重者，西元1450—1580年期间流行于欧洲，它的外型极少有改变。一般双手刀长1.8米，重16千

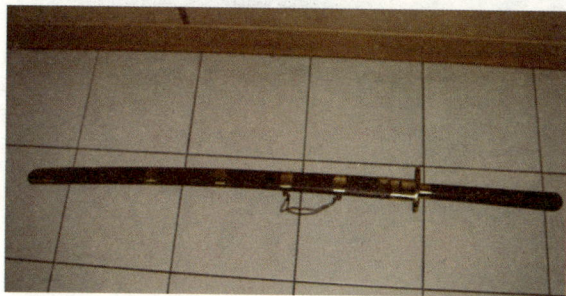

双手刀

克。专用于比武、防城战或对付持长矛的集团步兵。中国汉朝就出现了一种长刃环首刀，可作为双手刀使用，唐朝以后，双手刀流行于战场。日本武士刀也叫双手刀。

双手刀的刀刃有时呈波浪状，容易砍断敌方之长矛，接近大型十字形护手下方，有两支突出的小刀，主要是防止打斗时敌军的刀剑滑落割到手。

◆ 弩

弩是古代的一种冷兵器，是古代兵车战法中的重要组成部分，是步兵有效克制骑兵的一种武器。弩也被称作"窝弓""十字弓"。古

弩

代用来射箭的一种兵器。它是一种装有臂的弓，主要由弩臂、弩弓、弓弦和弩机等部分组成。虽然弩的装填时间比弓长很多，但是它比弓的射程更远，杀伤力更强，命中率更高，对使用者的要求也比较低，是古代一种大威力的远距离杀伤武器。强弩的射程可达600米，特大型床弩的射程可达千米。按张弦的方法不同，可分为臂张弩、踏张弩和腰张弩等，还有能数箭齐射或连射的连弩和装有数把弩弓的床弩。

弩是一种致命的武器，之所以被普遍使用，是因为不需要太多的训练就可以操作，即使是新兵也能够很快地成为用弩高手，而且命中率极高，足以杀死一个花了一辈子时间来接受战斗训练的装甲骑士。某些时候（尤其是以骑士为对象），弩弓被认为是一种不正当的武器，因为它只需要很少的技巧即可操作。英国的理查一世（狮心王理

查）就曾经两次被弩箭射中，并在第二次伤重不治。如此一个伟大人物竟然死在一个普通或低等的士兵之手，对于贵族来说简直太不可置信了，为此，在12世纪时，教皇就曾尝试以残忍为理由禁止弩的使用。

◆ 火绳枪

火绳枪的结构是，枪上有一金属弯钩，弯钩的一端固定在枪上，并可绕轴旋转；另一端夹持一燃烧的火绳，士兵发射时，用手将金属弯钩往火门里推压，使火绳点燃黑火药，进而将枪膛内装的弹丸发射出去。火绳是一根麻绳或捻紧的布条，放在硝酸钾或其他盐类溶液中浸泡后晾干的，能缓慢燃烧，燃速大约每小时80~120毫米，这样，士兵将火绳枪枪机金属弯钩压进火门后，便可单手或双手持枪，眼睛始终盯准目标。据史料记载，训练有素的射手每3分钟可发射2发子弹，长管枪射程大约100~200米。

◆ 投石器

投石器可以很方便的将圆石甩出较远的距离，通常投射距离为100~200米。投石器结构简单：两条

火绳枪

相同长度的皮带中间系一皮囊,囊中放置投石。抓住皮带末端在头顶飞速挥舞旋转,当第四五圈时速度达到最大时,放开一条带子,皮囊中的石块就顺着切线的方向投出。这种装备被用作武器时,单个作用亦不明显,除非是上百人规模的齐射。使用的投石也是经过加工,打磨光滑的,因为圆的石块飞行路线更笔直稳定。它最后在实战中出现是罗马共和国早期,但最初只是罗马贵族们的游戏,他们在围猎中使用投石器射击小型野兽。

重投石器:构造原理与投石器基本相同,不同是用粗皮索代替了皮带,使用时将石块从肩后甩出,而不是在头顶回旋加速。重投石器亦为罗马军的装备之一,但精度差,射程近,约80米之内。

标枪投掷器:骨制或木制,卡住标枪顶端,助跑后用力甩出,能把标枪投出100多米远。它差不多与投石器同时出现,后由罗马人加以改进,多了一条皮带弹射,射程更远。

◆ 标 枪

标枪是一种带镞的短投掷梭

投石器

标，又称"投枪""投矛""短矛""镶枪"等。巧镞和骨标枪在旧石器时代（石器时代晚期）为狩猎武器。铁镞标枪在古希腊和古罗马军队中曾装备过。希腊斯巴达人的轻装步兵可将标枪投掷20~60米远。古罗马重装步兵的投矛长约1.5~2米，重4~5千克，其投矛有很长的铁尖安在木柄上，可投掷30米。为使标枪投掷得更远，如达

标 枪

到70~80米，有的标枪上装有皮带环，以使投掷力增加，在当时尚不懂使用弓箭的部落（澳大利亚人）和不使用弓箭的部落（阿留申群岛人）中，标枪是一种基本的投掷武器。在西欧，标枪一直流传至中世纪。在俄罗斯，标枪即为短投枪。在《梆戈尔远征记》一书（公元12世纪）中首次提到标枪。在中国原始社会已有标枪，但到宋代才成为军队常规武器，又称"梭枪"。元朝蒙古军善用标枪，杆短另尖，枪有四角形、三角形、圆形数种，多数两端有刃，既可以马上刺敌，又可抛掷杀敌。明代军队中有一种两头带刃的标枪，长68厘米，枪刃长23厘米，尖尾长7厘米。两头尖，中间粗，有如长箭，两端都可以刺人，便于投掷。清代的标枪多用木竹为柄，上加铁镞，略如明制。还有一种标枪，枪杆较短，镞长20厘米，木柄杆长60~63厘米，重不到1千克。纯铁打造的

标枪更短，全长不到66厘米，重不过2千克，技艺精熟者可于50步内投中敌人。

标枪是人类历史上有据可考的最早的远程兵器之一。从原始社会开始，它就被用作重要的狩猎工具。标枪一般由镖头和枪杆组成，有些装有起平衡作用的尾翼。镖头由金属打制而成，一般有锥形和长水滴形等形式，套装在枪杆上。枪杆通常用硬木、竹竿或金属制成。在战场上，标枪常常与盾牌配合使用，以弥补近身武器的不足。随着弓弩的出现，标枪的使用开始减少，但是直到13世纪，标枪仍然是世界许多国家军队的制式装备。

古希腊时代，在古代奥林匹克运动中，人们就已经开始将标枪助跑投远和原地投准作为竞技项目。在完全退出军事舞台之后，标枪又成为了一个纯粹的田径运动项目。

防御器具

◆ 铠　甲

古用皮，谓之甲；今用金，谓
之铠。从衣甲装束上可以看出每个
时代的特色，中世纪的铠甲体现了
无休止的战争。很多画
作中亚瑟王都全身顶盔
置甲，非常威武。但实
际上，直到1550年前后
欧洲才出现全身防护的
铠甲。亚瑟早期的铠甲
由主妇制作，用硝制过
的皮革为底，棉织材料
为里。除非不得已，没
人愿意平时穿着铠甲，
因其夏热冬凉，穿着极
不舒服。

（1）皮　甲

皮甲，制作较简单，将兽皮晾
干，上油锅煮，再晾干，揉软，最
后缝纫即成。皮甲基本不具备防护

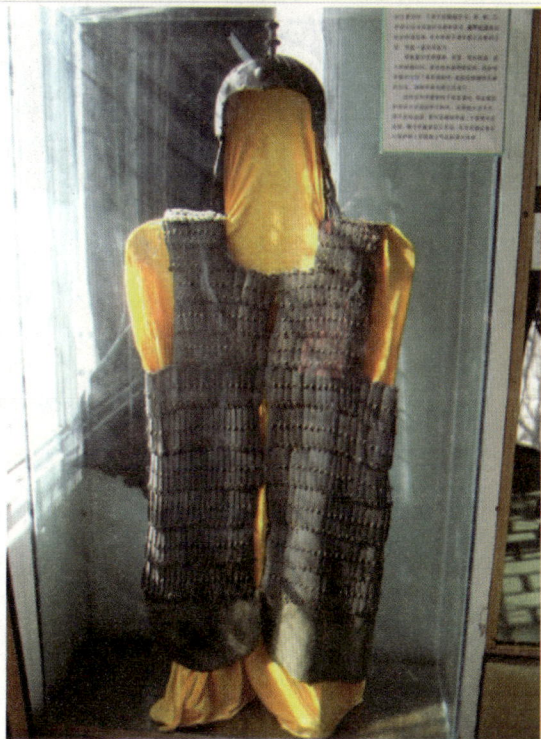

铠　甲

骑兵铠甲

片状的装甲块钉在皮革上，可以防护从上方及前方来的打击，但如果穿过板甲的接缝或从下方捅刺还是可以造成伤害的。板状甲在欧洲很少见，常见的是在日本，日本轻骑兵穿的都是这个，这在原哲夫的作品中有较多记载，板状甲看起来乌光铮亮是因为刷了一层漆。

力，穿着难受，还容易擦破皮肤，多数的装备弓箭手与工兵所用。

（2）环状甲

将数圈铁箍套在皮甲外，即是环状甲。它一定程度上可防备刀剑的砍劈，但当胸袭来就无能为力了，亦不可挡弓箭与矛刺。

（3）板状甲

板状甲或称硬皮甲，是介于环状甲与锁子甲之间的过渡产品。将

（4）锁子甲

锁子甲是皮甲问世以来的一次重大革新，是用细小的铁环相套，形成一件连头套的长衣，罩在贴身的衣物外面。所有的重量都由肩膀承担，可以有效地防护刀剑枪矛等利器，但弱点是柔软。用打击武器猛劈力砸，穿着锁子甲一样难以幸免。锁子甲制作相当复杂繁琐，造价高昂。一般来讲，铁环越细小防

护性能越好，每个铁环都要焊接相连，工作量可想而知。

（5）鳞 甲

鳞甲可被视作板状甲的改进，原先装甲块为皮制，后改为钢片；原先关节处内衬为亚麻，后改为锁网。因是过渡产品，所见甚少，颇像三国连环画中的装束。

（6）胸 甲

名为胸甲，实际它遮盖的范围更广，躯干、四肢都用整块厚重的钢铠包裹，关节仍用锁子甲，袖口带着连指的手套，头部包在完整的头盔中，仅留一小缝供透气与观察。只有重骑兵用这种装具。胸甲的防护极为完善，大多数武器难以对其构成威胁。

（7）全身甲

到这个时期，铠的发展终于到达顶点。这种为每名骑士量身定制的装具连人带马都裹在钢甲中，关

节处亦是极为复杂的钢套与螺栓。每套铠甲都有主人所取的爱名，一

胸 甲

如骑士的坐骑与佩剑。从长弓或弩中远距离射出的穿甲箭在上也只能凿出小孔，别的武器更如隔靴搔痒。分量比锁子甲轻，穿着更舒适，重量由躯干与四肢分担，不再单单压在肩膀。缺点还是其重量，全重50千克以上，不包括马铠的分量。三四个训练有素的侍从为骑士

将军全身甲

倒，因为泥泞中挣扎的骑士无法自己站起身来而被对方的匕首轻易地解决。

（8）头　盔

从维京海盗的牛角盔到法国步兵套在头上的铁锅，头盔的式样千奇百怪，不一而足。总的功用是为头部提供防护。有顶部的主体，两侧及后面的护翼。环状甲的肩膀以上有一圈铁皮保护颈部，与头盔相连。欧洲的盔上的修饰成分不多，罗马人青铜盔上高高的顶饰较为别致，但青铜盔重达10~20千克。后期重骑兵的头盔用钢片拼合，就轻巧了许多。这时期的头盔尤其注意对咽喉、两翼和眼部的保护，盔上开一条细缝，可以从中张望。应该说缝越小，防护性就越好，但相应的视角显然会

套上铠甲也要三个小时，自己在战场上想松开根本不可能。接合处都用螺丝上紧。阿金库尔战役是重装骑兵的噩梦，那里连续下过两周的暴雨。当骑兵从两翼包抄时陷入了泥沼，战马纷纷被英国的长弓射

受到更多限制，要求不同，务求平衡。

◆ 皮　甲

铠甲材料最好是皮革。皮革铠甲的使用年代久远，即使后来出现了金属铠甲，但是由于皮甲轻便、价廉，所以仍被普遍使用。

铠甲用皮革制成，而胄（头盔）却从来没有用皮革作料的。最常见的，是身披皮甲，头戴"钢盔"（即金属制胄）。

相传甲也是蚩尤发明的，是一种用皮革制的皮甲。这虽是神话，但是这也说明了铠甲最初使用的材料就是皮革。秦始皇陵的兵马俑身穿的铠甲，就是战国时代至汉代初期的皮甲。到了唐代前后，一改以前甲片的缀合方式，出现了

把几层皮革重叠起来使用的新型皮甲。这种皮甲一直沿用到17世纪，成为中国具有代表性的铠甲。

明式皮甲

◆ 秦代铠甲

1974年，从秦始皇陵墓中发现了大量反映秦始皇帝死后殉葬的禁

卫军真实写照的兵马俑（陶俑）。这些兵马俑身上可以看到大量用于防护身体的铠甲。可见秦朝时铠甲在军队中已经很普及了。秦代铠甲主要四种类别，分别为将军铠甲、步兵铠甲、战车士兵铠甲和骑兵铠甲。

将军铠甲是指挥官穿用的特殊铠甲，其甲片用皮条缀合，用布镶边，挂襄。

步兵铠甲，主要是保护肩部和上半身的铠甲，秦军中的多数甲士都穿这种铠甲。

战车士兵铠甲，是驭手穿用的

秦代铠甲

铠甲。由于驭手主驾车，两手腾不出工夫，所以穿用的铠甲以袖长，防御范围大为特点。

骑兵铠甲，是一种便于骑马的轻装铠甲，无袖，只保护上半身。当时虽然已有马鞍，但是还没有出现马镫，所以骑兵都穿着活动轻便的铠甲。

虽然目前还不能准确认定这些铠甲究竟使用的是什么材料，但是不外乎是青铜或皮革，并用皮条缝合而成。从俑的表面看，似乎是两层以上材料接合而成。因此可以确认是用甲钉来固定甲叶的。不论最后结论怎样，如果是用青铜钉铆合的，则无因皮条折断而降低铠甲强度之虑，这已经是很进步的铠甲了。

兵马俑穿着的铠甲呈黑色或红色，这

是为了防止铠甲发生腐蚀，在甲片上涂的漆的颜色。

◆ 筒袖铠

筒袖铠甲，是三国时代到南北朝初期普遍使用的一种铠甲。这种铠甲有两个特点，一是整个铠甲均由鳞状甲片重叠连缀而成，二是带袖，能保护上臂和腋下这两个要

左侧为筒袖铠

害部位。最有防护能力的铠甲，就要数南北朝初期的筒袖铠甲了。据说，这种铠甲用670千克力的弩也不能射透。

据说，筒袖铠甲乃三国时代蜀国丞相诸葛亮发明的。但这一传说是否真实，我们现在不得而知。众所周知，带袖的铠甲，最早出于汉代。很可能是诸葛亮在此基础上加以改良，才制成了这种筒袖铠甲。实际上，诸葛亮为强化蜀军装备，发明了许多各种各样的新兵器，对铠甲也作了许多有益的改进工作。

◆ 裲裆甲

裲裆甲是流行于南北朝时代的

裲裆甲

一种铠甲，多用于骑兵。裲裆甲分为以保护身体前面的胸甲和保护后背的背甲两部分，均用铁甲片连缀而成，带衣边，由革制背带连接，穿时用腰带固定。

裲裆甲出现于三国时代，盛行于南北朝时代。这种无袖、由背带连接胸甲和背甲的铠甲，最早见于汉代骑兵。作为南北朝主力的重骑兵，都身穿裲裆甲，战马披铠，手持长槊，背弓箭，腰挂近战用的直刀。

在隋、唐时代，裲裆甲还是高位武官参加仪式时披挂的铠甲。后来，甲片被去掉，变成了武官的一种官服。裲裆甲能保护肩部和大臂的胳膊，还可以保护膝盖。

◆ 盾

盾是由厚木板制成的简单护具，外面包铁，形状各异。士兵一般左臂持盾，右手持武器。中等大小的盾即可抵挡几个对手的攻击，也能有效挡住普通的弓箭。

盾可用来遮挡敌人的攻击，有干、牌多种叫法。传说我国最早的盾黄帝时代就有了，《山海经》中有关于"刑天"这位英雄人物的神话记载，描写他一手操干，一手持斧，挥舞不停的雄姿。陶渊明为此写诗道："刑天舞干戚，猛志固常在。"盾作为一种"主卫而不主刺"的卫体武器，早在商代就已经存在。到唐代时，盾改称为"彭排"。宋时正式称"牌"，明清两代沿袭宋学，称牌而不再称盾。中国使用的诸多盾中，主要有方形和圆形两大类。前者多为大型，后者为小型。盾多为木质，但也有用竹、藤制成的。其表面蒙有多层皮革，或钉有许多铁钉，用以增加强度。尤其是手握部位更加坚实。盾牌上画有奇异的鬼魅、神兽，用以恐吓敌人，鼓舞士气。

盾可直接承受敌人武器的攻击，使身体受到保护。除毒气等化学武器外，它是一种很有效的护具。对火焰放射器、火箭等火器亦有一定的防御效果。但是盾的防御范围和方向有限，而且必须一手持

中国青铜盾牌

盾，一手拿兵器，这样容易使行动受阻，这就是盾的不足之处。盾有巨盾、小圆盾、方形盾等。

巨盾：亦称塔盾，多出现在早期。罗马的军团靠它组成乌龟阵，斯巴达战士与祖鲁人也多有使用，特洛伊战争双方都用这种一人高的盾。背面有条皮带，挎在肩上，整

个人都能躲在其后。把这些大型盾并排布阵，可以有效抵御敌人的冲锋。这种盾非常巨大，以至于影响持盾者的移动，若在撤退时就要将之丢弃。斯巴达人的豪语是："带着我的盾凯旋，或者躺在上面归来。"

小圆盾：小圆盾小巧灵活，多用于骑兵，也有部分步兵使用。因其背面有扣，可套在臂上不影响行动。它能提供最低限度的防护，可抵御剑或钉锤等近战兵器。但和方形盾相比，小圆盾防御面积较小，故防护力不如方形盾。

欧洲太阳盾

方形盾：顾名思义，方形盾即为长方形的盾，它有手牌、燕尾牌、推牌等多种样式，主要为步兵使用。

由于盾的构造简单，但防护能力很高，所以自有战争以来，就有了盾这种防护工具。盾有很高的防护力这一点，早已为人们所共识。可以说，自盘古开天地之日起，人类就知道用盾这种护具来保护自己。为了恐吓敌人，盾面上不但画有鬼怪猛兽，有的还写上了咒文。当然，靠这些咒文是打不败敌人的。明代，抗委将领戚继光在《纪效新书》中对此曾有记述：只是用以鼓舞我军士兵士气，迷惑扰乱敌人之用，而决不能依赖这些画和咒文来战胜敌人。

第二章

空中武器

在现代高技术局部战争中，空中力量发挥了越来越重要的作用，空袭作战已成为未来战争的主要作战样式。伊拉克战争期间，美国空军发动了著名的斩首行动，对萨达姆政权的领导指挥机构、核生化作战能力和共和国卫队进行了重点打击。

空中武器一般包括战斗机、运输机、直升机、无人飞机等。战斗机又称歼击机，其首要任务是与敌战斗机进行空战，夺取空中优势（制空权），其次是拦截敌方轰炸机、攻击机和巡航导弹。世界上公认的第一架真正意义上的战斗机是法国的莫拉纳·索尔尼爱L型飞机。军用运输机自问世以来，在多次重大战争中都发挥了重要作用。现代战争重视高速、机动和深入敌后作战，有人提出，在现代战争中，军事空运能力在一定程度上已成为军队作战成败的决定性因素。所以军用运输机的发展越来越受到重视；直升机是一种由一个或多个水平旋转的旋翼提供向上升力和推进力而进行飞行的航空器。直升机具有大多数固定翼航空器所不具备的垂直升降、悬停、小速度向前或向后飞行的特点。这些特点使得直升机能在很多场合大显身手。

为了便于读者更广泛、深入地了解各种军用飞机在现代空战中的作用，更好地了解其性能及作战用途。本章将通过大量的图片全面地为读者展现出一幅现代高技术空中作战的画面。希望本书能对爱好航空知识的朋友在了解空袭作战方面有一些帮助。

战斗机

◆ 美国战斗机

（1）F-4（鬼怪）

F-4是美国海军的双座远程舰载战斗机，后来被美国空军大量采用，成为美国海、空军在20世纪60至70年代使用的主力战斗机。美军给它的绰号是"鬼怪"。

F-4"鬼怪"是美国原麦克唐纳公司（现并入波音公司）为海军研制的双座双发舰队重型防空战斗机，后来被美国空军大量采用。

F-4于1956年开始设计，1958年5月第一架原型机试飞，生产型则于1961年10月开始正式交付海军使用，1963年11月开始进入空军服役。

"鬼怪"的空战能力佳，对地攻击能力也很强。在20世纪60年代，F-4"鬼怪"称得上是一种十分先进的战斗机。它装备了雷达系统和先进的火力控制系统，在这两个系统的控制下，空对空武器和空对地武器可以十分精确地射向目标。

F-4"鬼怪"还装备了全高度轰炸系统、惯性导航系统、雷达寻的和警戒系统，这些机载系统在当

F-4

时来说都处在领先地位。F-4"鬼怪"的机载武器也十分厉害。最初，它没有安装机炮，后来加装一门20毫米机炮，还可以挂载4枚"麻雀"空对空导弹和4枚"响尾蛇"空对空导弹。对地武器有"小斗犬"空对地导弹，"白眼星""幼

F-4

畜"电视制导导弹，还可挂载各种常规炸弹，更具有威慑力的是，它可以携带核弹。它的最大载弹量比20世纪70年代末装备美国空军部队的第三代战斗机F-16还要大。F-16的最大载弹量为6890千克，而F-4的最大载弹量达7250千克，仅次于

F-15"鹰"战斗轰炸机。尽管看上去F-4"鬼怪"是一种比较成熟的战斗机，但它毕竟是50年代末研制生产的战斗机，机上的许多设备和飞机的许多性能远远落后于新一代战斗机。在多年的飞行实践中，美军发现它的高空性能和超低空性能和新一代战斗机都差得很远。

从60年代末开始，F-4动了几次"换心术"——换装发动机和机载设备，加强了对地攻击能力。尽管F-4"鬼怪"经过不断改型，机载设备和飞机的整体性能有所提高，但它在军队中服役仍旧显得有些力不从心。美国空军决定对它再做一次大的"手术"，让它"摇身一变"，成为专门用于发现、识别敌方地面防空雷达和地对空导弹阵地，并用反辐射导弹对雷达和导弹阵地进行攻击的专用飞机，配合其

他战术攻击机完成任务。

（2）F-14（雄猫）

美国海军的战斗机群中，最受军机迷喜爱的机种，莫过于昵称为 Tomcat（汤姆猫）的 F-14 雄猫式战斗机了。此型战斗机之所以受到军事迷喜欢的原因，除了 Tomcat 超酷绝美的造形外，强大的战斗力是另一重点，像 F-14"雄猫"式战斗机所挂载的"不死鸟"导弹，更是让"决胜于千里之外"的战略名句彻底实现的代表性武器。

F-14是双座多用途超音速战斗机。其气动布局采用NASA60年代后期提出的双发双垂尾变后掠中单翼方案。在结构上采用了先进的结构型式，广泛使用钛合金，部分采用硼复合材料，获得较高了的强度重量比。F-14的主要性能指标如下：

动力装置。采用直通道的二元外压式进气道，置于机身两侧固定翼段下方，距机身有25厘米的间隙，以消除附面层的影响。进气道内有多激波可调斜板系统，可以使机载设备在所有飞行条件下自动调节，保证发动机得到合适的气流。进气道结构大部分用铝合金蜂窝结构，长约4.27米。后短舱采用胶接钛合金蜂窝结构，长约4.88米。早

F-14

期生产的飞机装有两台普拉特·惠特尼公司的TF30-P-412加力式涡轮风扇发动机，单台加力推力9490千克。其安装管道可以开启，能在180°范围内进行保养。从1983财政年度开始生产的飞机改用TF30-P-414A发动机，其额定功率值不变。从1986年起采用F110-GE-400发动机，单台加力推力12700千克。F-14采用加雷特公司ATS200-50空气涡轮起动器；可收放式空中受油箱置于前座舱前方附近机身的右

侧；采用气动引射式收敛–扩散喷管。

机翼为变后掠中单翼。设计要求是：减少翼载来保证机动能力；用前、后缘空战机动襟翼来改善跨音速机动性；尽量减少停放占用的

F-14

面积。变后掠机翼外翼段较短，这样就可减轻转轴结构的重量，但增大了罩在中央翼盒上的"翼套"，转轴距机身对称面2.72米。飞行中机翼后掠角的变化范围为20°~68°，由机载设备根据飞行状态自动调节，最大变化速度为7°/秒。也可以由驾驶员手动调节。停放时后掠角最大可达75°以减少占用面积。可动段具有全翼展两段式

前缘缝翼和三段式后缘单缝襟翼，在起降和机动飞行时使用。每侧上翼面各有3块扰流板，当后掠角小于57°时自动接通，用于辅助横侧操纵和着舰时减速用。为控制机翼后掠角变化时压力中心移动提供俯仰配平升力和降低翼载荷，在机翼固定段前缘设计了可动前置扇翼，最大转动角为15°。

机身。全金属半硬壳式结构，采用机械加工框架，钛合金主梁及轻合金应力蒙皮。前机身由机头和座舱组成，停机时机头罩可向上折起。中机身是简单的盒形结构可贮油。后机身从前至后变薄，尾部装外伸的排油管。后机身上下还有减速板，上一下二，在剧烈俯冲和发射导弹时打开，着陆时下减速板锁死。

尾翼。尾翼由双垂尾和可差动的全动平尾组成。平尾的偏转角为+15°~-35°，差动平尾起副翼的作用。垂直安定面与后机身的钢质加强框连接。方向舵也采用蜂窝增强的化学铣切合金蒙皮。

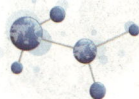

起落架。起落架可收放前三点式，和A-6攻击机相同。主起落架向前收起时机轮转90°收入发动机进气道下部，前起落架向前收入机身舱内。机轮为无内胎轮胎，内充氮气。双轮式前起落架的撑杆用作弹射起飞时的挂钩。着舰钩装在后机身下面的整流罩内。从1981年春开始用古德伊尔公司的碳刹车装置取代了原先采用的钢刹车装置，进一步减轻了重量。

F-14"雄猫"战斗机是根据美国海军70年代到80年代舰队防空和护航的要求，由格鲁门公司研制的双座超音速多用途舰载战斗机。它的主要作战任务为：

①护航：在一定的空域夺取并保持制空权，驱逐敌战斗机，保护己方的攻击力量。不带副油箱的活动半径为720~800千米，能在目标上

F-14

空3050米高度用机炮和"麻雀"导弹作战2分钟。

②舰队防空：能在距舰队160~320千米的空域巡逻2小时（带副油箱和"不死鸟"导弹）或从航空母舰甲板弹射起飞执行截击任务。

③遮断和近距支援：可载6500千克低阻炸弹和两枚"响尾蛇"空-空导弹执行远距遮断或近距空中支援作战任务。挂6颗MkB2炸弹，攻击1600千米以外的地面目标，能保持5分钟的空战能力。

（3）F-15鹰式战斗机

F-15空中解体

F-15鹰式战斗机是全天候、高机动性的战术战斗机，是美国空军现役的主力战机之一。F-15是由1962年展开的F-X（Fighter-Experimental）计划发展出来的，1969年由麦道公司得标，1972年7月首次试飞，1974年首架量产机交付美国空军使用，直到现在。

F-15具有多功能的航电系统，包含了抬头显示器、先进的雷达、惯性导航系统、飞行仪表、超高频通讯、战术导航系统与仪器降落系统。它也内建了战术电战系统、敌我识别器、电子反制装置与中央数位电脑系统。

空战型F-15的重量只有16 330公斤，过载可以达到其体重的9倍；F-15E加大了重量和翼载荷，在满载的情况下过载不可能达到其体重的9倍。飞机的过载极限随着载荷和布局的改变而变化，大多数武器约能承受其体重6倍的过载，因此这也就确定了飞机的过载极限，除非是飞行员为了进行空战机动和自卫而抛投外挂武器。

对地攻击方面，F-15E可以达到这样一些标准，如：飞机应能够在夜间利用182米的云层突防，然后降低到61米高度，在云下投放武器、用前视红外设备识别目标，还可能用激光指示器照射目标。F-15E与F-15C、D一样，也可以装保形油箱，其续航能力可达5小时左右（不空中加油）。在执行近距空空作战任务时，可拆下保形油箱，但预计在F-15E服役期间，可能不会出现拆卸保形油箱的情况。

F-15

F-15E的载弹量为11 000千克，该机还能够挂载集束炸弹，AGM-65"幼畜"反坦克导弹，MK84普通炸弹，以及BLU-27系列的燃烧弹等。作战方式：

①搜索、跟踪空中目标；

②使用机炮、"麻雀""响尾蛇"和先进中距空对空导弹等武器攻击空中目标；

③搜索、跟踪地面目标；

④使用各种空对地武器攻击地面目标；

⑤导航。

（4）美国F-16

F-16原本是美国通用动力公司研制的低成本、单座轻型战斗机，第1种产型于1979年1月进入现役。几经改进，前后有A、B、C、N、R、XL、ADF和AFTI/F-16、F-16/J79、NF-16D等11种型种，有些型别的最大起飞重量已近20吨。该机型截止到1996年已生产了3500架以

上，装备了17个国家的空军和海军。1984年7月开始交付给空军。F-16C/D是F-16战斗机的主要型

美国F-16

别。武器系统包括AN/APG-68多功能雷达、广角平视显示器、任务计算机等火控设备和20毫米M61"火神"6管炮、AIM-7"麻雀"以及AIM-9"响尾蛇"空对空导弹、AIM-120先进中距空对空导弹、AGM-65"幼畜"空对地导弹、反

辐射导弹和各种炸弹等武器。D型是C型的教练型，1983年首飞，1984年9月开始交付给空军。

F-16战斗机选用了边条翼、空战襟翼、翼身融合体、放宽静稳定度、电传操纵和高过载座舱等新技术来提高飞机的空战性能。F-16的结构材料中有80.6%是铝合金，7.6%是钢，2.8%是复合材料，1.5%是钛合金，7.5%为其他材料。

F-16在总体布局上采用了随控布局中的"放宽静稳定度"技术。与常规布局相比，机翼向前移动了40.6厘米，从而使气动力中心前移，在速度为0.9马赫时静稳定度略为负值，而在速度为1.2马赫时为8%。飞机靠"增稳系统"自动控制舵面，保持稳定飞行。这样带来的好处是减小了尾翼尺寸，降低了结构重量和阻力，改善了飞机的操纵性，同时提高了机动能力。F-16战斗机的主要结构如下：

机翼。F-16采用悬臂式中单翼，平面几何形状为切角三角形。前缘后掠角40°。展弦比约为3.0，相对厚度约为4%，基本翼型是NACA64A-204。机翼前缘有可随迎角和马赫数的变化而自动偏转以改变机翼弯度的前缘襟翼，使飞机在大迎角时仍保持有效的升力。机翼后缘有全展长的襟副翼，它既可作为一般襟翼来增加升力，又可左右差动进行横向操纵。从翼根前缘沿机身两侧向前延伸的大后掠角边条翼可以控制涡流，提高大迎角时的升力，改善操纵性和稳定性，减小机翼面积。据计算，采用边条翼比按常规布局的机翼减轻重量222千克。机翼内部结构由梁、肋组成，上下敷以整体板蒙皮。

机身。机身采用半硬壳式结构。外形短粗，采用翼身融合体形式与机翼连接，使机身与机翼圆滑地结合在一起，从而减小了阻力，

美国F-16

提高了升阻比，增加了刚度，机身容积增加9%，并使机体减重258千克。

尾翼。尾翼为全动式平尾，平面几何外形与机翼类似，下反角25°，平尾翼根整流罩后部是开裂式减速板，最大开度60°。立尾较高，安定面大，大迎角时安定性好，可防尾旋，有全展长的方向舵。垂直安定面是多梁多肋铝合金结构，蒙皮是碳纤维复合材料的。垂尾根部整流罩前边的背鳍是玻璃纤维的。平尾由碳纤维复合材料的盖板、铝蜂窝夹芯、钛合金的梁及钢制的前缘组成。腹鳍是普通的铝合金结构。

动力装置。早期F-16装一台普拉特·惠特尼公司的F100-PW-100涡轮风扇发动机，最大推力7400千克，加力推力11 340千克。从1984年开始，美国空军要求通用动力公司生产的F-16安装通用电气公司的F110-GE-100涡轮风扇发动机，并且要求两种发动机可以相互替换。1991年开始生产的F-16C"布洛克-50"换装了推力为13 163千克的F-100-PW-229和F110-GE-129发动机。采用固定几何形状的腹部进气道，装有附面层隔板，其位置适合于在0.8~1.0马赫的速度范围内进行空战。采用固定式进气道比采用可调式进气道节约重量180千克。选择腹部进气道是为了在进行机动飞行时，使进气流所受干扰最小，并可避免吸入机炮的烟

美国F-16

雾。在座舱后部机身上方有空中加油口。机身下的挂架可挂1136升的副油箱，机翼内侧挂架可挂1400升副油箱。

座舱。F-16A、F-16C的座舱为单人空调座舱。为改善驾驶员视界采用气泡式座舱盖，这种新式的座舱盖可使驾驶员的上半球视野达360°，一侧至另一侧为260°，前后为195°，侧下方为40°，前下方为15°。采用道格拉斯公司的IE-2零一零弹射座椅，能在零高度和0~1100千米/小时的速度范围内安全弹射。座椅向后倾斜30°，并提高脚蹬位置，这可以使驾驶员在短时间的抗过载能力达到8至9倍。F-16B、F-16D为串列式双座舱。两个座舱内装有全套操纵装置、显示装置、仪表、电子设备及救生系统，可供训练及作战使用。

第二个座舱的布置与F-16A、F-16C的座舱基本相同，具有所有的系统操纵功能。前后座舱用两块透明玻璃板隔开，前后座舱均有良好的视界。

第三代F-16战斗机有以下一些主要设计特点：

①有优良的飞行性能，强调中

俄罗斯苏-25

低空跨音速机动性能和远程作战能力；

②机载电子设备先进，有良好的全天候作战能力，下视下射能力大为提高；

③机载武器毁伤威力强。有相当强的近战火力，还普遍配备了中远距全向全高度拦射导弹；

④突出空战能力，但也多兼有良好的对地攻击能力；

⑤飞机的可靠性和可维护性能好，改进发展潜力大。

（5）F/A-18（大黄蜂）

F-18是一种舰载战斗机，而A-18是一种舰载攻击机。由于二者是在同一原型机的基础发展起来的，即一机两型，机体完全一样，只是在武器装备上有所差别，所以统称F/A-18，绰号也一样叫"大黄蜂"。

1976年1月美国海军又与麦道公司签定合同并以麦道公司（现已并入波音公司，称波麦公司）为主与诺斯罗普公司一起联合研制F/A-18"大黄蜂"。后经过进一步的原型机试飞，生产型制造、试飞，到1983年1月初步形成作战能力。F-18A大黄蜂是单座、双发舰载战斗攻击机。有YF/A-18A/B、F/A-18A、RF-18A、F/A-18B、F/A-18C和F/A-18D等6种型别，共生产了1137架，其中150架是双座教练型，112架是侦察型。

F-18

F-18重视可靠性和维修性，机体的使用寿命按6000飞行小时设计，其中包括2000次弹射起飞和拦阻着陆。机载电子设备的平均故障间隔为30飞行小时，雷达的平均故障间隔

时间为100小时。电子设备和消耗器材中98%有自检能力。为减轻重量，提高机动性能，采用了钛合金和复合材料。

F-18采用双发后掠翼和双立尾的总体布局，机翼为悬臂式的中单翼，后掠角不大，前缘装有全翼展机动襟翼，后缘有襟翼和副翼，前后缘襟翼的偏转均由计算机控制。停降在舰上时，外翼段可以折叠（副翼位于外翼后缘），翼根前缘是一对大边条，一直前伸到座舱两侧，据说因此可使飞机能在60度的迎角下飞行。

F-18机身采用半硬壳机构，主要采用轻合金，增压仓采用破损安全结构，后机身下部装着舰拦阻钩。检查盖采用石墨环氧树脂材料。两台发动机间的隔火板采用钛合金。

在海湾战争中，F/A-18是美国舰队的主力作战飞机。F/A-1B采用单座双发后掠翼和双立尾的总体布局。机身采用半硬壳结构，后机身下部装有着舰用的拦阻钩。尾翼

也采用悬臂式结构，平后和垂尾均有后掠角，平尾低于机翼，使飞机大迎角飞行时具有良好的纵向稳定性；略向外倾的双立尾位于全动平尾和机翼之间的机身两侧。

F/A-18装两台通用电气公司研制的F404-OE-400低涵比涡轮风扇发动机，单台加力推力71.2千牛。进气道位于翼根下的机身两侧。机内可带4990千克燃油，机头右侧上方还装有可收藏的空中加油管。F/A-18是一种超音速的多用途战斗/攻击机，主要特点是可靠性和维护性好，生存能力强，大迎角飞行性能好以及武器投射精度高。

（6）F-22

F-22是美国空军委托洛克希德、波音以及通用动力公司合作研制的新一代战斗机。F-22采用政党双垂尾双发单座布局。垂尾向外倾斜27度，恰好处于一般隐身设计的边缘。其两侧进气口装在边条翼下方，与喷口一样，都作了抑制红外辐射的隐身设计，主翼和平尾采用一致的后掠角和后缘前掠角，都是

小展弦比的梯形平面形，水泡型座舱盖凸出于前机身上部，全部投放武器都隐蔽地挂在4个内部弹舱之中。

F-22参数如下：

翼展13.56米，机身18.92米，机

千米/小时；近地最高飞行速度1480千米/小时；实际最大飞机高度18 000米；作战半径1300~1500千米。

结构特点：在平面内为带高位梯形机翼的带尾翼的综合气动力系统，包括彼此隔开很宽和带方向舵

F-22

高5.00米，机翼面积78.80米。

额定起飞重量27.216千克。

动力装置：两台普惠公司的F119-PW-100带加力的涡轮风扇发动机。

飞行特性：最高飞行速度1950

并朝外倾斜的垂直尾翼，并且水平安定面直接靠近机翼布置。

F-22是按照技术标准小反射外形、用吸收无线电波的材料，无线电电子对抗器材和小辐射的机载无线电电子设备装备的战斗机，其设

计最小交错射面为0.1平方米左右。在机体上广泛使用含热塑（12%）和热作用（10%）的聚合复合材料（KM）。在批生产的飞机上使用复合材料（KM）的比例（按重量）将达35%。两侧翼下菱形截面发动机进气道为不可调节的进气道。

（7）F-117隐身攻击机

F-117是美国前洛克希德公司研制的隐身攻击机，也是世界上第一种可正式作战的隐身战斗机。

F-117设计始于20世纪70年代末，1981年6月15日预生产型飞机在绝对保证秘密的情况下试飞成功，1982年8月23日向美国空军交付了第一架飞机。F-117A服役后一直处于保密之中，直到1988年11月10日，空军才首次公布了该机的照片，1989年4月F-117A在内华达州的内利斯空军基地公开面世。

F-117A是一种高亚音速的战术飞机，装有两台F404-GE-FID2涡

F-117

扇发动机，几何尺寸与F-15战斗机相当。概括起来，F-117A有两个特点：一是外形奇特，二是机载武器和设备通用性强。F-117A的外形与众不同，整架飞机几乎全由直线构成。连机翼和V型尾翼也都采用了没有曲线的菱形翼型，这在战斗机的设计中是前所未有的。

F-117A可进行空中加油，加油口位于机身背部。全机干净利索，没有任何明显的突出物，除了机头的4个多功能大气数据探头外就连天线也设计成可上下伸缩的。此外，座舱盖框架、起落架舱门和炸弹舱的边缘以及机身后部的平面形状均做成锯齿形，这些便构成了F-l17A的独特外形。

F-117A战斗机的所有武器都挂在武器舱中。武器舱长4.7米、宽1.57米，可挂载美国战术战斗机使用的各种武器，如AGM-88A高速反辐射导弹、AGM-65"幼畜"空对地导弹、907千克口径的GBU-10/24/27激光制导炸弹、GBU-15模

F-117

式滑翔炸弹（电光制导）、B61核炸弹和空对空导弹等。

（8）JSF（X-35/F-35）

美国波音公司和洛克希德·马丁公司研制的多用途战术攻击战斗机，编号分别为X-32和X-35。

设计JSF的目的是为了替代目前美国的空军、海军、陆战队以及英国皇家海军的F-16、F/A-18C/D、AV-8B、鹞等各种军机。开始有三大集团参与竞标，后来只剩下波音

汰。

2000年9月18日，波音公司的X-32A验证机开始试飞，该机采用的是无尾三角翼翼身融合体、V形尾翼、腹部进气的气动布局。2000年10月24日，洛克希德·马丁公司的X-35A验证机也进行了试飞，该机采用的是倾斜双垂尾常规气动布局。X-32和X-35均采用了隐身技术，推重比为10，有一级的发动机、推力矢量控制技术、综合航空

JSF

的X-32以及洛马的X-35两个型号，麦道与英国航太合作的型号则被淘

电子系统、有源相控阵雷达和机内武器舱。美国国防部将从它们中选

定一种进入工程制造发展阶段。按要求，JSF空重10.2~11.1吨，外挂载荷5.8~7.8吨，最大平飞速度1.4马赫，作战半径1300~1575千米。

波音的X32的设计比较特别，只用了一个大面积的全三角翼型号（后来改为有尾翼的，不过公布的原型机上仍未见到），对美国来说，这是他们很少产生的构型。不过三角翼型号有机身内容积大的优点，而且高前缘后掠角附带也可以减低正面的雷达波反射问题，再加上简洁的机身线条设计，以及使用在减低雷达截面积以及红外线讯号方面都相当有效的二维矢量喷管。总和来说，X-32的隐身性能应该比X-35占优势，除非波音那个形状奇怪的进气口（与F-16隐身研究的进气口形状相似）还没有办法解决雷达波进入进气道容易被涡轮压缩机

LCA

正面反射的问题。

◆ 印度LCA轻型战斗机

LCA是印度斯坦航空公司（HAL）为满足印度空军需要所研制的单座单发轻型全天候超音速战斗攻击机，主要任务是争夺制空权、近距支援，是印度自行研制的第一种高性能战斗机。印度空军提出其作战能力必须优于美国的F-20。LCA项目是由印度政府1983年提出的，作为米格-21和Ajeet的后继机，1988年底完成任务规划，1990年完成初始设计，1995年生产出第一架技术验证机TD-1，但直到2001年才完成首飞。

LCA机体的40％都采用了先进的复合材料，不仅有效降低了飞机的自重和成本，而且加强了飞机在近距缠斗中对高过载的承受能力。机体复合材料、机载电子设备以及相应软件都具有抗雷击能力，使

LCA

LCA能够实施全天候作战。据印度航空发展局介绍，LCA正常起飞重量为8500千克，最大平飞速度为1.6马赫，具备一定的隐身性能。其实LCA的外形并没有采用隐身设计，只是由于LCA机体极小，大量采用复合材料，且进气道的"Y"型设计遮挡住了涡轮叶片，才使得LCA拥有了所谓的"隐身性能"。

LCA基本技术数据如下：

机长：13.20米；机高：4.40米；翼展：8.20米；展弦比：1.8机；翼面积：37.5平方米；主轮距：2.20米；前后轮距：4.34米；空重：5.5吨；最大外挂量：>4吨；起飞重量（无外挂）8.5吨；翼载荷（无外挂）221.4千克/平方米；推力载荷（无外挂）106千克/千牛。

LCA的气动布局：LCA采取无尾三角翼布局，进气道位于机身两侧机翼下方。飞机按放宽静稳定度设计，集成4余度电传飞行控制系统，利用垂尾和机翼后缘的两段式升降副翼以及前缘的三段式缝翼对飞机的飞行姿态进行控制。飞机采

用碳纤维复合材料、铝锂合金以及钛合金等先进的材料。其修型三角翼采用碳纤维复合材料，安装在机身上部，前缘复合后掠，内段后掠角小，外段大。

LCA采用的是美国的F404-F2发动机，有带进气锥的环形进气口和可调进口导流叶片，风扇采用3级轴流式宽弦实心钛合金风扇叶片，高压压气机为7级轴流式，高压涡轮为1级轴流式，气膜加冲击空气冷却的涡轮叶片和导向器叶片。

LCA装载的是以色列的德比中距弹和"怪蛇"-4格斗导弹。这两种导弹系采用同种弹体搭配不同的导引头研制成而成。其中德比的长度为3.8米，直径为150毫米，翼展为500毫米，重量为118千克，动力射程为60千米。它采用了惯导+末主动雷达导引方式，但并没采用通行的指令修正的辅助制导手段，所以其远程能力受到限制。"怪蛇"-4近距空空导弹是西方使用的第一种大离轴角近距空空导弹。导弹装有数字式自动驾驶仪，重量

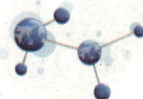

105千克，采用双波段红外制导系。"怪蛇"-4的特点是控制面很多，其高机动性是通过其总共18个气动面的协调工作而实现的。

◆ 瑞典Saab-35

Saab-35战斗机"龙"是瑞典Saab飞机公司研制的多用途超音速战斗机，可执行截击、对地攻击、照相侦察等多种任务。1951年开始设计，1955年10月原型机首次试飞。Saab-35是60年代瑞典空军的主力战斗机，其型别有：A、B、D、F型，是具有对地攻击能力的截击机；C型，双座教练型；E型，战术照相侦察型；XD型是向丹麦出口的攻击/侦察型；XS型是向芬兰出口的截击型。其中D、F型的主要装备和性能如下：

动力装置为1台RM-60涡喷发动机。最大推力5800公斤，加力推力8000千克。主要设备有：火控系统，自动驾驶仪等。武器有：2门30毫米"阿登"机炮，9个外挂

Saab-35

架，可挂4枚"苍鹰"或"响尾蛇"空对空导弹；用于对地攻击时，最大载弹量4500千克（X型）。

Saab-35机翼展9.4米，机长15.35米，机高3.89米，机翼面积49.2米，空重7450千克，最大起飞重量15 000千克，燃油量（机内、F型）4000升，最大平飞速度2120千米/小时（高度11 000米），实用

跑距离510米。

◆ 俄罗斯战斗机

（1）米格-31

米格-31是俄罗斯米格和莫斯科飞机联合生产企业在米格-25MP型飞机基础上研制的双座双发全天候截击机，用于取代前苏联空军的米格-23和苏-15。该机原型机于

米格-31

升限18 300米，海平面爬升率200米/秒，转场航程3250千米，作战半径（高-低-高）560~720千米。起飞滑跑距离460~550米，着陆滑

1975年9月16日首飞，1979年投入批生产，1982年形成作战能力。该机采用二元进气道两侧进气、悬臂式后掠上单翼、双垂尾正常式布局，

全金属机身，整机的50%采用合金钢，16%是钛合金，33%的轻质合金，其余为复合材料。该机航程远，速度快，具有卓越的超音速飞行性能，但机动性能不如第三代战斗机。1984年开始发展的米格-31M改进型于1992年2月开始公开展示，除升力面作了些小改动外，该机改进了发动机和其他子系统，采用了数字式飞行控制、多功能CPT座舱显示、新型雷达及其它探测装置，增加了外挂点，作战能力有较大提高。至1991年该机已生产200多架，主要装备独联体国家。米格-31的主要结构如下：

动力装置：两台彼尔姆发动机设计局的P-30F6涡扇发动机，单台静推力93.1千牛，加力推力151.9千牛。

主要机载设备：机头装有NIIPN007S-800电子扫描相控阵火控雷达，搜索雷达可达200千米，可同时跟踪10个目标并对其中的4个目标进行攻击；中远距导航系统；雷达告警接收机；APD-578数据链路系统；红外搜索/跟踪传感器等。

武器：前机身右侧下部整流置内装1门23毫米GSH-23-6六管机炮，备弹230发。有8个外部挂架，机身下4个，可挂4枚R-33远距半主动雷达制导空空导弹。机翼下两个外侧挂架，可以挂2枚R-40T中距红外导弹，4枚R-60红外空空导弹成对挂在机翼下两个外侧挂架上。

米格-31的尺寸数据：机长22.688米，机高6.15米，翼展13.464米，机翼面积61.6平方米。

重量数据：空重21 800千克，内载燃油16 350千克，正常起飞重量41 000千克，最大起飞重量46 200千克。

性能数据：高空最大允许马赫数M2.83，最大平飞速度（高度17 500米）3000千米/小时，（海平面）1500千米/小时，最大巡航速度（高空）2876千米/时，经济巡航速度1040千米/时。实用升限20 600米，起飞滑跑距离（最大起飞重量）1200米，着陆滑跑距离800米，转场航程（带副油箱）3300千米。

米格-29

续航时间（无空中加油）3小时36分，（空中加油1次）6~7小时。

（2）米格-29

米格-29是前苏联米高扬-古列维奇实验设计局研制的单座双发高机动性战斗机。预生产型飞机于1979年10月首飞，1982年投产，1983年开始装备部队。米格-29战斗机的基本作战任务是，能在任意气象条件下和苛刻的电子干扰环境中、在全高度范围内和以各种飞行剖面摧毁距其200米至60千米范围内的空中目标。所以它最适合于空中优势和近距机动空战。其后期的一些型号也可以进行空对地攻击和进行近距空中支援，对付地面上的活动或固定目标。

米格-29装有先进的机载设备和武器系统。其火控系统包括脉冲多普勒雷达、光学雷达、头盔瞄准具和火控系统计算机，自动化程度高，抗干扰能力强。该机可携带P-27雷达制导中距拦射空空导弹和P-60、P-73红外制导近距格斗空空导弹，还可携带57毫米、80毫米、240毫米火箭弹。最大武器外挂量为3000千克，装有1门30毫米航炮。动力装置为2台克里莫夫设计局的PII-33加力式涡扇发动机，单台最大推力49.39千牛，加力推力81.34千牛。

米格-29的主要技术数据：翼展11.36~13.965米，机长17.32米，机翼面积38平方米；正常起飞重量

15 240千克，最大起飞重量18 500

局设计的一种马赫数为3的高空高速

米格-25

千克；海平面最大速度1500千米/小时，最大马赫数M2.3，实用升限17 000米，航程1500千米（不带副油箱）、2900千米（带1个500升、2个800升副油箱），起飞滑跑距离250米，着陆滑跑距离600米。米格-29YB是双座型，首架原型机于1981年首飞。该型机身加长了0.1米，为安排后座而减小了燃油箱，还取消了雷达。

（3）米格-25（狐蝠）

米格-25是前苏联米高扬设计

截击机。米格-25于20世纪50年代末开始设计，原型机于1964年首次试飞。1967年7月9日，4架米格-25参加了前苏航空节表演，这是米格-25的首次公开展出。1969年左右开始装备部队，先后出口到阿尔及利亚、叙利亚、伊拉克、利比亚和印度等国。西方称它为"狐蝠"（Foxbat）。

从1965年3月16日到1977年10月21日，米格-25共打破和创造了8项飞行速度世界纪录、9项飞行高

度世界记录和6项爬高时间世界记录。1973年初，美国空军部长罗伯特·西曼斯曾称米格-25可能是当时"世界上在生产中的最好的截击机"。但米格-25在当时对西方来说还是一个谜。

米格-25有以下几种改型：米格-25П，高空高速截击型，主要装备前苏军，还输出到阿尔及利亚、伊拉克、利比亚和叙利亚；米格-25P，高空高速侦察型，在机头介电质雷达罩后面开有5个照相机窗口，机翼翼展略减小，翼前缘取直；米格-25Y，双座教练型，1975年底首次公开露面，两个座舱分开，各有独立的舱盖；米格-25P电子侦察型，与P型大体相似，但具有较大的侧视雷达，安装在机头两侧较后部分；米-25MП，先进截击机型，双座，前后座串置，它是米格-25П的改型，雷达和机载设备作了改进，可带6枚主动制导的AA-9空空导弹和一门内装机炮；E-266M，改进型，是米格-25MП的原型机，飞机改装了推力更大的涡轮喷气发动机，结构也作了加强。米格-25的结构如下：

主要武器装备：无内装机炮，翼下4个挂架带4枚AA-6空空导弹，内侧两枚为红外制导型，外侧两枚为半主动雷达制导型。也可带AA-7、AA-8空空导弹各两枚。

尺寸数据：翼展13.95米，机长22.30米，机高5.70米，机翼面积56.20平方米，前缘后掠角（靠近翼尖）40度、（内侧）

雅克-141

42度，展弦比3.50。

重量数据：空重15 000千克，正常起飞重量36 000千克，最大起飞重量37 500千克，载油量（机内）14 000千克。

性能数据：最大平飞速度（带导弹）3427.2千米/时，实用升限24 400米，最大爬升率（海平面）208米/秒，作战半径1130~1300千米，航程3000千米，起飞滑跑距离1380米，着陆滑跑距离2180米。

（4）雅克-141

雅克-141（又称雅克-41）是一种于中小型航空母舰上使用的舰载超音速垂直-短距起落（V/STOL）战斗机，主要执行舰队防空任务，也可用于近距空中支援、近距格斗和攻击海上或地面目标。它以前苏联研制垂直-短距起落飞机（如雅克-38）的经验为基础，于1975年开始设计，1989年开始飞行试验工作，到1991年中已试飞近200余小时。按原计划该机研制工作将在1995年左右全部结束，但由于1991年一架原型机试飞时坠毁，该项计划被中止。北大西洋公约集团给予该机的绰号为"自由式"。

雅克-141沿用雅克-38的组合式动力方案，安装了喷口可转向的升力发动机和推力发动机，以大推力、高推重比发动机保证其超音速性能，用升力发动机保证其垂直起降性能。该机多数采用了现有战斗机上较成熟的技术，在性能水平和作战效能方面与雅克-38相比有很大提高。最大飞行速度达1800千米/小时，实用升限比雅克-38高3000米，短距起飞时最大起飞重量比雅

俄罗斯苏-25

克-38大8吨左右。为了提高飞行性能和减轻飞行重量，雅克-141广泛采用了铝-锂合金和复合材料，其中复合材料占结构重量的26%。机上装有3余度全权数字电传操纵系统，用来控制操纵面与反作用喷

俄罗斯苏-25

口。机上有完备的机载电子设备，可挂装各种新型空战武器和对地攻击武器，具有超视距空战及火力圈外发射武器能力。

雅克-141打破了垂直-短距起落飞机的多项世界纪录，其中包括：有效载重1000千克时爬升到12 000米时间为116.2秒；有效载重2000千克时相应的爬升时间为130.5秒；从高度3000米到8000米，爬升速度为250米/秒。目前该设计局计划使雅克-141能成为一种岸基防空和对地攻击机。

（5）俄罗斯苏-25

苏-25是前苏联苏霍伊设计局研制的亚音速近距支援攻击机，与美国的A-10相对应。1968年开始研制，原型机1975年2月首次试飞，代号为T-8-1。机上装有两台图曼斯基设计局的P-195无加力涡喷发动机，单台推力44.13千牛（4500千克）。还装有组合式双管机炮，炮管可由飞行员控制向下偏转。而编号为T-8-2的2号原型机装有推力更大的P-13无加力涡喷发动机，机炮炮管为固定式。1976年装有P-195涡喷发动机的生产型投产，1984年形成全面作战能力。

苏-25能在靠近前线的简易机场上起降，载各种炸弹在低空与武装直升机米-24协同，在战场上配合地面部队作战，攻击坦克、装甲车等活动目标和重要火力点。苏-25主要靠低空机动性来躲避敌方战斗机的截击和地面炮火的打击。1982年苏军进入阿富汗作战时，该机被用于执行对地攻击任务，西方在那里首次拍摄到苏-25的照片。

苏-25攻击机是被当作支持陆战和消灭前线附近空中和地面目标的飞机来用的。苏-25攻击机的最大起飞重量为17.6吨，最大速度为每小时970千米，实际飞行距离为1800多千米。苏-25攻击机装备有操纵空空导弹和空面导弹的30毫米大炮（250枚炮弹），作战载荷为4.34吨。

苏-25具有多种改型，如苏-25单座近距支援型，苏-25UB串列双座教练型，苏-25UT不带武器系统的苏-25UB型，苏-25UTG舰载型，苏-25T/TK反坦克的新改进型等。最新机型是Su-25T，特征为改进燃油容量、航空电子装备、装甲及攻击系统。此机型之输出型序号为Su-25TK.

苏-25与常被拿来比较的美国A-10A霹雳二式相当不同，因它并不像美国"坦克克星"那样具有厚重装甲。在阿富汗的经验使诸如干扰丝/热焰弹抛投器之自卫系统成为标准操作设备。驻足在战场上可使用多种武器，包括RBK-250集束炸

苏-27

弹、机炮及BETAB减速炸弹。

（6）苏-27

苏-27

苏-27是俄罗斯"苏霍伊实验设计局"开放型联合股份公司研制的单座双发全天候空中优势重型战斗机，主要任务是国土防空、护航、海上巡逻等。该机于1969年开始研制，1977年5月20日首飞，1979年投入批生产，1985年进入部队服役。该机采用翼身融合体技术，悬壁式中单翼，翼根外有光滑弯曲前伸的边条翼，双垂尾正常式布局，楔型进气道位于翼身融合体的前下方，有很好的气动性能。全金属半硬壳式机身，机头略向下垂，大量采用铝合金和钛合金，传统三梁式机翼。4余度电传操纵系统，无机械备份，按静不稳定设计。该机主要是针对美国的F-16和F-15设计的，用以取代雅克-28P、苏-15和图-28P/128截击机，具有机动性和敏捷性好、续航时间长等特点，可以进行超视距作战。该机完成的"普加乔夫眼镜蛇"机动动作显示出了其优异的飞行性能和操纵性能，以及发动机良好的加速性能，飞行性能要高于第三代战斗机，但其机载电子设备和座舱显示设备相对来讲要落后许多，且不具隐身性能。该机有多种改型，包括苏-27P单座陆基型、苏-27UB串列双座教练型、苏-27K舰载战斗/攻击型、苏-27KU并列双座战斗轰炸型、P-42（由苏-27专门改装的飞机，创

造了31项官方世界纪录）等。

苏-27的结构主要是：

动力装置：2台留里卡设计局的AL-31F涡轮风扇发动机，单台静推力77千牛，加力推力可达122.6千牛。带有数字式燃油调节系统。

主要机载设备：相干脉冲多普勒雷达，具有边跟踪边扫描和下视/下射能力，可同时攻击2个目标，有很强的抗干扰能力。综合火控系统将雷达、红外搜索/跟踪传感器、激光侧距仪与头盔显示器协同起来，并显示在广角平视显示器上。还有"警笛"3全向雷达告警系统，箔条/干扰条投放设备等。

武器：机身右侧机翼边条上方装有1门30毫米GSH-301机炮，备弹150发。该机最多可以携带10枚空空导弹，包括R-27R短距半主动雷达制导空空导弹、R-271短距红外空空导弹、R-27ER长距半主动雷达制导和R-27ET红外空空导弹、以及R-73A和R-60、R-33近距红外空空导弹等。对地攻击时可带机炮吊

苏-35

舱、各种炸弹、火箭发射巢等。

尺寸数据：机长（不含空速管）21.935米，机高5.932米，翼展14.70米，机翼面积62.0平方米。

重量数据：重量及载荷空重16 000千克，正常起飞重量22 500千克，最大起飞重量30 000千克，内载燃油9400千克，最大武器载荷6000千克。

性能数据：最大平飞速度（高空）2876.4千米/时，（海平面）1481.04千米/时，失速速度200千米/小时，起飞滑跑距离450~650米，着陆滑跑距离620~650米。实用升限18 000米，作战半径1500千米，航程3680千米。

（7）苏-35

苏-35是兼具制空和对地攻击能力的多用途战斗机，相对于最初服役的苏-27有很大改进。它增加了较大的前翼，增加了垂尾高度。使用了部分新材料，改用AL-35F大推力发动机（137.3千牛）；雷达换成具有地形跟踪能力的NIIP N011型多功能雷达，使得搜索和跟踪能力大为提高。更为奇特的是尾锥内装有N012后视雷达，探测距离4千米，可以向后发射导弹。武器挂架增加到14个，可以使用更多的武器组合。经过这么一改，其作战性能大为提高，可以说它既有苏-27更好的空战性能，又有苏-34那样的对地攻击能力。

苏-35战斗机在研制过程中，由于结构重量、机内燃油和武器载荷的增加，不可避免地增加了起飞重量。数据表明，其正常起飞重量达到25~30吨，最大起飞重量达到34.5吨。根据苏-27M战斗机的研制经验，采用大幅度改进的AL—31F发动机成为一个必不可少的解决方案。然而，令人意外的是，苏-35战斗机竟然采用了留里卡—土星科研生产联合体为俄罗斯第五代战斗机研制的最新型117S发动机。这也是俄罗斯两大发动机企业之间竞争的结果。

苏-35的主要性能参数如下：

翼展：15.16米；

机长：22.20米；

机高：6.36米；

机翼面积：62.0平方米；

最大起飞质量：34 000千克；

正常起飞质量：25 670千克；

空机质量：17 000千克；

燃油质量：13 400千克；

最大武器载荷：8000千克；

最大平飞马赫数（高空）：2.35；

实用升限：18 000米；

起飞滑跑距离：约1200米；

着陆滑跑距离：约1200米；

最大航程：4000千米。

（8）苏–37

苏–37

苏–37是一种具有矢量推进器的超机动战斗机。苏–37的试验机是从苏–35的原型机发展而来的，于1996年4月在莫斯科附近的Zhukovsky试飞基地进行了处女航。苏–37的发动机不仅比以前的苏–27系列有更强的常规推力，而且它的Lyulka/Saturn AL–37FU发动机有液压控制的喷管，可以在水平–15度范围内转动。矢量推进器和飞行控制系统完美结合，不需要驾驶员操控。一个紧急系统可以使喷管在飞行时失控的情况下恢复水平。苏–37装备了新型的更强大的NIIP NO–11M脉冲多普勒相控阵雷达和NIIP NO–12后视雷达及后射导弹系统，使驾驶员能向在苏–37后方的目标开火。

苏–37采用了先进的AL–37FU发动机，成功地解决了尾喷口密封问题，在技术上又比X–31A前进了一大步，已经接近实用标准。该机是在一架实战用的苏–27战斗机的基础上改装而来的，但由于采用了先进的推力矢量发动机，使得苏–37在总体性能上达到了一个新的水平。经过长期的研究，又经历了前苏联解体的重大变迁，苏–37终于在1998年4月完成了首次试飞，后几个月中，大约又进行了50次左右的飞行试验，并在当年9月2日的英国范罗堡国际航展上向全世界的航空界人士作了令人叹为观止的表演。

苏–37的主要性能参数如下：

引擎: 两台 Lyulka AL–37FU 补燃涡轮风扇发动机，单台推力14 008千克。

翼展: 15.16米；

机长: 21.94米；

高: 6.84米；

重: 18 416千克（空载）/34 030千克（最大起飞重量）；

升限: 18 000；

速度: 2440千米/小时；

航程: 3500千米；

苏-37

武备：　一台 GSh-30-1 30毫米机炮150发炮弹，　14个外挂点弹药，包括空空导弹 R-73/R-77 AAMs，空地导弹 AGMs，炸弹、火箭、副油箱和电子战舱ECM。

动力装置：　2台留里卡设计局带推力矢量控制（TVC）的实验型AL-31FU加力式涡扇发动机，该发动机设计目标是静推力83.3千牛，加力推力142.1千牛。

主要机载设备：全天候/全高度数字式多功能远距前视N011雷达，具有相控阵天线，可以同时跟踪15个目标。N012后视雷达，光电监视

和瞄准系统，激光测距器，雷达和导弹发射告警接收机、箔条/电子干扰诱饵投放器，液晶电子显示设备，头盔显示器等。

（9）苏-47（金鹰）

苏-47"金鹰"是俄罗斯"苏霍伊实验设计局"开放型联合股份公司研制的一种多用途战斗机，是俄罗斯第五代战斗机的技术验证机，1997年9月25日首飞，最早被称为S-32，不久改称为S-37，2002年又被重新命名为苏-47。其设计重点突出在大迎角下的机动性和敏捷性以及飞机的低可探测性，基本的尺寸和重量数据与苏-37类似，机头、机尾和座舱与苏-35相似，起落架与苏-27K相同，采用苏-35/37的4余度数字式电传飞行控制系统。

苏-47采用前掠机翼，有明显的机翼翼根边条和长长的机身边

苏-47

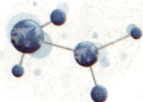

条，能降低阻力和减少雷达反射信号，改善飞机的起飞着陆性能，在亚音速和大攻角时有很好的气动性能，可增加飞机的航程和高空机动性，并能充分利用复合材料的结构特性。扇形不可调进气口道位于机身边条下方，S形进气道侧面靠近机翼前缘处装有鸭翼。双垂尾略向外倾斜，机身中部有两个大的辅助进气门，并且采用雷达吸波涂料对飞机进行了隐身处理。

苏-47气动布局和结构串置三翼面布局，前掠机翼结构的90%为复合材料，前缘前掠20°，有全展长襟翼，后缘前掠37°，内侧为普通襟翼，外侧为副翼，翼尖为弧型。全动近距耦合鸭翼，前缘后掠50°，后缘后掠-16°，可同步或差动偏转。机翼翼根向后延伸到机尾形成水平安定面，前缘后掠角70°，双垂尾向外倾斜约6°，前缘后掠45°，有内置方向舵。机身头部为机载雷达舱，中段与延伸的

机翼边条相融合，内有油箱、设备舱和进气道，机身后段为发动机短舱、机翼承力梁、尾撑、以及两个不对称的尾锥。

苏-47动力装置：两架原型机，第1架采用的是两台用于米格-31的D-30F6发动机，单台静推力93.1千牛，加力推力151.9千牛；第2架使用两台AL-37FU发动机，单台加力推力142.2千牛，带有推力矢量控制及全权数字式发动机控制系统。

（10）Su30MK

俄罗斯生产的Su30MK歼击轰炸机也拥有类似F15E那样的精确攻击能力，同时还有在防区外发射制导导弹的能力。北约对南斯拉夫的空袭中使用了大量的激光制导炸弹，以瘫痪战略军事目标。使用Su30MK发动类似攻击时的武器包括KAB500KR500千克级电视制导炸弹、KAB500L500千克、KAB1500L1500千克级激光诱导炸

弹，它们都由俄"比姆派尔"设计局设计。其中KAB500KR为电视诱导型炸弹，弹头重量360千克。一般在50至5000米高度投下，命中误差在4至7米之间，大致相当于B2在攻击中国使馆中可能使用的JDAM。可谓非常准确，使用相同电视诱导米，命中误差7至10米，1500千克级可穿透2米厚的水泥墙，同时还有穿甲型弹头，弹头重量在1100千克上下。其他弹头包括炸药型、炸药穿甲型。KAB系列激光制导炸弹在车臣战争中被Su25攻击机低空投下，用以攻击敌人隐蔽处所。

Su30MK

系统的1500千克级别制导炸弹称为KAB1500KR。KAB500L/1500L激光诱导炸弹炸弹投下高度1000至5000

Su30MK的性能：Su30MK能够进行空中加油，并保留了Su30空优战斗机的空战能力，使用内部燃油

时的航程达3000千米，经一次空中加油后的航程达5200千米。最大起飞重量34000千克。新型雷达在对空作战时可同时攻击两个目标，搜索距离则超过100千米以上。它某些性能相当于美制F15E。除了保留了Su27S基本型所必备的空战能力之外，可以使用Kh25D/L激光制导空对地导弹、Kh59M电视制导炸弹或KAB500KR激光制导炸弹、Kh31P反雷达导弹，拥有非常强大的对地（海）攻击能力。空战武器还可使用俄最先进的R77主动雷达寻导弹。最大载弹量达6吨。

◆ 法国阵风战斗机

法国新型第四代"阵风"（Rafale）双发多任务战斗机，采用前置鸭翼、后掠三角翼和单垂尾气动布局，大量采用复合材料。能够执行广泛范围短程和远程作战任务，包括对地、海上攻击，空中防御、空中优势、侦察、高精度打击，还具有核打击能力。新型"阵

阵风Rafale

风"战斗机完全由法国自行设计和制造，大量采用独有的先进技术来保证具有优异的综合性能。在众多的相同技术水准新型战机中，目前只有法国"阵风"拥有海军型，部署在航空母舰上。据美国一些媒体评价，"阵风"战斗机现有的三种型号所表现出的优异性能，已经在飞行中被证明：750节最高飞行速度；最大冲角32度；小于400米的115节进场速度；短距起飞和降落能力。这些性能和操作主要得益于"三角-鸭翼"空气动力学概念的综合性设计和运用。

先进驾驶座舱：采用"手不离杆"侧杆双杆驾驶座舱非常先进，可以说是"阵风"多任务作战能力的重要体现。装备一套宽视角全息技术平视显示器，提供飞机控制数据、任务数据和发射提示。一套瞄准、多图像广角衍射光学平视显示器显示战术情形和传感器数据，由法国航空导航设备公司提供。两套

侧面触摸屏幕显示器显示飞机系统参数和任务数据。飞行员也有一个头盔安装瞄准显示装置。一个CCD照相机，安装在飞机上的记录仪在任务中自始至终记录平视显示器的图像。

武器系统："阵风"战斗机空军型号具有14个外硬挂点，最大有效载荷超过9吨。海军型号有13个外硬挂点。"阵风"战斗机能使用广泛多样性空对空和空对地武器，包括法国、美国、英国和欧洲联合研制的武器系统。

电子战系统："阵风"战斗机装备了性能全面和先进的"频谱"电子战系统，由泰利斯公司生产。"频谱"电子战系统整合了固态发射机技术、雷达告警器、DAL激光告警接收机、导弹告警器、探测系统和干扰机。

传感器系统："阵风"战斗机装备一套由泰利斯公司发明的电子扫描RBE2雷达，具有下视和下射能

阵风Rafale

力。雷达具有先进的边跟踪、边搜索能力，能够同时跟踪40个目标，并同时攻击4个目标，而且提供威胁辨识和优先化。光电系统包括泰利斯/萨吉姆（Sagem）OSF红外搜索和跟踪系统，安装在飞机的前端中。

光电系统套件能实行搜索、目标识别、测距、自动目标识别和跟踪。

◆法国幻影2000战斗机

法国达索航空公司于20世纪80年代开发出了幻影2000多用途战斗

机，该机于1984年开始在法国空军服役。该机技术先进，是世界上为数不多的完全不"师承"苏美技术的战斗机之一。随后的时间里，幻影2000战斗机先后为埃及、希腊、印度、秘鲁、卡特尔、阿联酋和台

幻影2000

湾所采用。目前幻影2000已成为世界上最好、分布最广泛的战斗机之一。

幻影2000拥有三角翼超音速、阻力小、结构重量轻、刚性好、大迎角时的抖振小、机翼截荷低和内部空间大及贮油多的优点。但在技术发展的条件下，解决了无尾布局的一些局限，主要采用了电传操纵、放宽静稳定度、复合材料等先进技术。进气道旁靠近机翼前缘处有小边条，边条有明显上反角。

幻影2000采用了梅西埃—西班牙公司的可收放前三点式起落架，采用标准的着陆拦阻装置。尾喷管处的舱内装有减速伞。使用ABG赛姆卡公司的空调和增压系统。拥有两套独立的液压系统，工作压力为280×105帕，用于驱动飞行控制伺服装置、起落架和刹车装置。

幻影2000C的生产型1982年11月20日首次试飞，1983年开始交付。初期装M53-5发动机和RDM多功能多普勒雷达，1986年换装M53-P2和RDI脉冲多普勒雷达。已交付的RDM雷达从1986年底开始换成RDI雷达，法国已订购139架；B型双座教练型1983年10月7日首次试飞，法国已订购19架；N型双座对地攻击型最初用于携带核导弹，代替幻影Ⅳ执行核攻击任务。第一架生产型1987年2月交付，法军订购75架。1992年交付完毕。该机能以1110千米/小时速度在60米高度进行地形跟踪飞行，主要武器为ASMP中程空地核弹头导弹。火控为ESD/汤姆逊-CSF公司的Antilope V地形跟踪雷达、两台机械电气通用公司的惯性平台，改进的TRT AHV-12雷达高度表，汤姆逊-CSF公司的彩色阴极射线管，一架OMERA垂直照相机和专用电子对抗设备；D型双座攻击型不带中程空对地核导弹（ASMP），主要用于取代老式战斗轰炸机。

走近神秘的武器家族

运输机

◆ C-141"星"重型战略运输机

C-141"星"重型战略运输机，是世界上第一种完全为货运设计的喷气式飞机，由洛克西德·马丁公司乔治亚州分部研制。C-141早在1965年就开始在美军服役，能够运送美军大多数重型装备，甚至还运送过巨大的美国国家航天航空局（NASA）的"哈勃"天文望远镜。

C-141的货舱虽然不如后来出现的C-5和C-17的大，但是也能轻

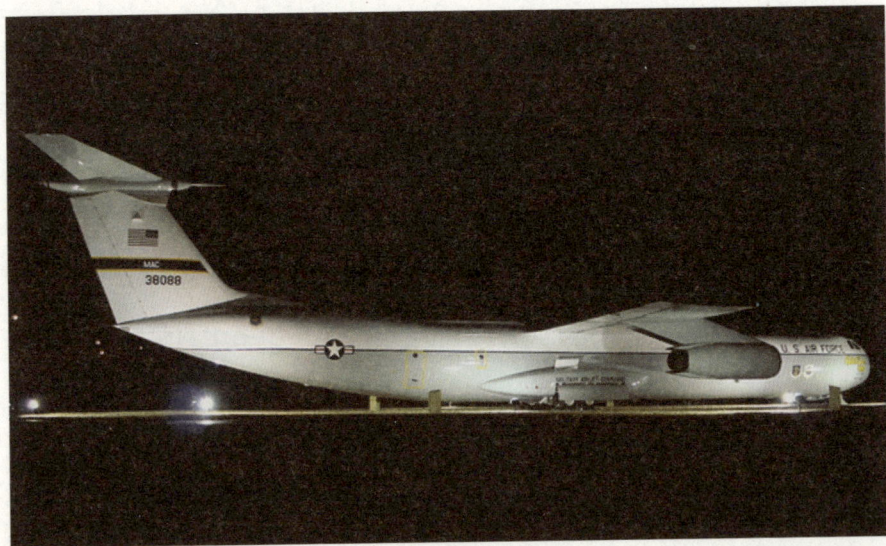

C-141

94

松装载长达31米的大型货物，其货舱也可一次运载208名全副武装的地面部队士兵或168名携带全套装备的伞兵。C-141机尾开有巨大的蚌式尾门，方便装卸大型货物（但与C-17、安-225的大型头部"鲸鱼"型相比，还是稍有不方便）。在海湾战争期间，C-141飞行了37 000架次，90%的架次能准时抵达目的地。

C-141重型战略运输机有两种型号，一种是最初的A型，另一种是B型。C-141B型在A型基础上加装了空中加油设备，航程因此大大提高。由于空中加油设备是加装的，因此它除了突出于机体之外，增加了一部分阻力，这也是不得已的结果。C-141B的空中加油装置配合美军加油机的硬式加油管，能够在26分钟里为飞机加89649公升油料。从1979年开始，B型开始服役。直到1986年，所有的C-141A型都改进成了B型。

◆ C-130 "大力士" 运输机

C-130是美国洛克希德飞机公司制造的四发涡扇式多用途战术运输机，1951年开始设计，1954年8月原型机首次试飞，1956年12月生产型开始交付美国空军使用。C-130可在前线简易机场跑道上起落，向战场运送或空投军事人员和装备，返航时可用于撤退伤员。改型后用于执行各种任务。

C-130现已发展了30多种型别：用于运输的基本型有C-130A、E、H等；专用型有C-130C、D、F、K、M等，用于试验研究、南极空运军援出口；武装攻击型有AC-130A、E、H等，用于反游击战和丛林战；用于发射和控制靶机的型别有GC-130、DC-130A、E、H等；用于电子监视、空中指挥、控制和通讯的型别有EC-130、EC-130Q等；此外还有搜索救援和回收型、空中加油型、特种任务型、气象探测型、海上巡逻型及空中预警型

C-130

（尚无定货）。此外还有大量民用型别。

C-130的结构主要如下：

动力装置：4台艾利逊公司的T56-A-15涡桨发动机，单台功率3355千瓦（4500当量马力）。

座舱：成员4名，正副驾驶员、领航员和货物装卸员，机舱可运载92名士兵或64名伞兵或74名担架伤员，以及加油车、155毫米口径重炮及牵引车等重型设备。

主要机载设备：AN/ARC-164超高频通信设备，两套62A-6A空中交通管制应答机，两套51RV-4B甚高频导航设备，CMA711欧米加导航及LTN-72惯性导航设备，512-4指点标接收机，RDR-1F气象雷达，MK11近地报警系统，AP-105V自动驾驶仪等。

尺寸数据：翼展40.41米，机

长29.79米，机高11.66米，机翼面积162.12平方米，机舱（不含驾驶舱）长12.6米、宽3.13米、高2.18米，主轮距4.35米，前主轮距9.77米。

重量数据：使用空重34 170千克，正常起飞总重70 310千克，最大超载起飞总重79 380千克，最大载重19 870千克，燃油量36 300升。

性能数据：最大巡航速度620千米/小时，经济巡航速度556千米/小时，实用升限（起飞重量58970千克）10 060米，海平面爬升率9.65米/秒，起飞滑跑距离1090米，着陆滑跑距离（着陆重量58 970千克）518米，最大载重航程4000千米。

◆ "银河" C-5远程运输机

C-5是美国洛克希德·马丁公司研制的亚音速远程军用运输机，1963年开始研制，1968年6月原型机首飞，1970年开始装备。C-5A在使用中发现机翼后梁出现裂纹，1978年美国空军决定为所有在服役的77架C-5A更换新机翼，新机翼使用寿命增加到30 000飞行小时，相当于服役20年，此项工作于1987年中全部完成。1982年夏天，美国国会批准了洛克希德·马丁公司研制新型C-5B的计划，C-5B的气动外形和内部布局与C-5A相同，采用推力更大的发动机，载荷能力增加，1985年9月10日首飞，1986年1月8日开始交付。此外，还有一种C-5D，它应美国空军的要求，换装了新动力装置和数字式电子设备。

C-5的主要结构如下：

动力装置：4台GE公司的TF39-GE-1C涡扇发动机，单台推力为191.2千牛。

座舱：驾驶舱内有正、副驾驶员、随机工程师和2名货物装卸员共5名机组人员。上层舱前部有可供15个工作人员休息的舱间，从中央翼之后到机尾的上层舱可载运75名士兵，下层主货舱可载运270名士兵，

"银河" C-5

美国现役陆军师所配备的各类武器中有97%都可运输。

主要机载设备：装有军事上需要的全部通信和导航设备，彩色气象雷达，3台惯性导航设备以及特种设备，包括最新多功能电子探测及其分析和记录子系统。

尺寸数据：机长75.54米，机高19.85米，翼展67.88米，机翼面积576.00平方米，1/4弦线后掠角25度，前上舱长度11.99米，后上舱长度18.20米，下舱（长×宽×高）36.91米×5.79米×4.09米，容积985.29立方米。

重量及载荷：使用空重169 643千克，最大商载118 387千克，最大燃油重量150 815千克，最大起飞重量3 779 657千克，最大着陆重量288 415千克。

性能数据：最大平飞速度919千

米/小时，最大巡航速度908千米/小时，经济巡航速度833千米/小时，海平面最大爬升率8.75米/秒，实用升限10 895米，起飞滑跑距离2530米，着陆滑跑距离725米，最大载重航程（5%余油）5526千米。

直升机

◆ AH-64阿帕奇武装直升机

AH-56 "夏安" 计划被取消以后，美国陆军获准展开AH-56的替代计划，这项计划就是所谓的 "先进攻击直升机"。

陆军挑选两家主要的国防承包公司的产品参与这项计划，一是贝尔直升机公司的 YAH-63，另一个是休斯公司的YAH-64。1975年9月和11月，由休斯公司研制的两架YAH-64试飞原型机分别进行了首次试飞，与此同时一架地面试验机也完成了试验任务。1976年5月开始，两种原型机进行对比试飞，美陆军认为休斯直升机公司设计的机型在飞行表现、驾驶舱配置和系统整合上都比较优秀，最后正式宣布休斯YAH-64方案获胜。后休斯直升机公司并入麦道公司，而麦道后又并入波音公司。1981年，YAH-64正式命名为 "阿帕奇"。1984年1月，第一架生产型AH-64A正式交付部队使用。

AH-64阿帕奇主要的性能参数：起飞重量6552千克，最大允许速度365千米/小时，最大平飞速度与巡航速度293千米/小时，最大爬升率（高度1220米，35℃）4.32米/秒，实用升限6400米，悬停高度（有地效）4570米，（无地效）

AH-64阿帕奇

3505米，航程（内部燃油）482千米，续航时间（高度1220米，35℃）1小时50分钟，最大续航时间（内部燃油）3小时9分钟。

总体布局：4片桨叶全铰接式旋翼系统，采用钢带叠层式接头组件和弹性体摆振阻尼器。尾桨由2副2片桨叶的旋翼装在同一叉形接头上。机身装悬臂式小展弦比短翼，

可拆卸，每侧短翼下有2个挂点。后三点式轮式起落架，起落架支柱可向后折叠，尾轮为全向转向自动定心尾轮。

动力装置：2台通用电器公司的T700-GE-701涡轴发动机，单台功率1265千瓦，应急功率1285千瓦，从第100架AH-64A起装T700-GE-701C发动机，单台应急功率1417千

瓦。

武器：装休斯公司的XM-230-E1型30毫米机炮，备弹量1200发，正常射速652发/分，可携带16枚"地狱火导弹"，可选装70毫米火箭弹，每个挂点可挂一个19管火箭发射巢，最多可挂4个发射巢，共76枚火箭弹。

重量及载荷：空重5092千克，最大起飞重量9525千克，最大外挂载荷771千克，主要任务重量6552千克。

◆ 美国OH-58D"基奥瓦勇士"侦察攻击直升机

OH-58D是美国特种部队采用的战场武装侦察机，是一种用高技术装备起来的直升机。它的主要作用是捕获目标、指示目标，它可以与其他武装直升机密切协同，共同完成作战任务。与其他直升机一样，OH-58D也有个绰号——"基奥瓦"。别看它的身材小，它的武器系统却不弱，机身两侧有多用途轻型导弹悬挂架，可以挂4枚"毒刺"使空对空导弹，或者挂"海尔法"空对地导弹，这使它具有了一定的对地攻击能力。它可以在海拔1200米的高原地区飞行，也可以在高气温条件下使用。此外，它还有贴地飞行能力和全天候空中侦察能力。

在众多的直升机中，OH-58D可以说是长相最特别的：一个"小脑袋"，两只圆圆的"眼睛"。其实这个"小脑袋"是OH-58D的旋翼瞄准具，虽然它的体积不大，里面的设备却十分先进，有可以放大12倍的电视摄像机，有自动聚焦的红外线成像传感器，还有激光测距仪。这个"小脑袋"具有主动跟踪目标和自动校靶功能。由于它"高高在上"，从而使得OH-58D直升机能躲在小山丘和树丛的后面对目

OH–58D "基奥瓦勇士"

标进行观测和瞄准，减少了直升机暴露在敌方火力之下的机会。

◆ H–76 "鹰" 直升机

H–76 "鹰" 是美国西科斯基飞机公司研制的双发武装通用直升机，是S–76B的军用发展型。H–76原型机（N3124G）于1985年2月首次飞行，1985年5月在巴黎航空博览会上展出。

H–76 "鹰" 直升机的性能指标：机长13.22米，16米（包括旋翼）；机宽2.13米，3.05米（包括尾翼）；机高3.58米、4.42米（包括水平稳定器），主翼直径2.44米；机组成员2人，座位定远12人；最

大速度287千米每小时，最大爬升率 8.26米每秒；盘旋升限（无地效）549米，双引擎升限3871米，航程 831公里；最大起飞重量 5306公斤，空重 3798公斤，有效载荷 1508

舱门口的枢轴上，可用或不用"多用挂历架系统"（MPPS）发射。枢轴上装有射界限制器，并可安装M60D机炮。"多用挂架系统"可安装在座舱地板上，能容纳和配置

H-76"鹰"直升机

公斤。

武器控制与电子系统：H-76可带8~16枚空空导弹和两个机炮吊舱。一挺7.62毫米机枪可安装在

一挺或两挺7.62毫米机枪的吊舱，12.7毫米机枪，70毫米和 127毫米火箭吊舱，Mk6670毫米火箭弹，"奥利康"68毫米火箭弹，"海尔

法""陶""海鸥"和"毒刺"导弹，以及MK46鱼雷。瞄准设备可以是前视红外瞄准具、十字线瞄准具、"陶"式导弹座舱顶棚瞄准具或"陶"式导弹旋翼轴瞄准具，以及激光测距器。

H-76采用了UH-60A的技术，该机采用了两个794轴马力涡轮轴发动机。H-76还装备了双数字式自动驾驶仪，综合航电设备，飞行管理系统，全玻璃机舱，因此它可以全天候飞行。这种结构使其非常轻巧、结实并且耐腐蚀，而且便于维护，燃油效率高。它高级的旋翼设

计和大功率发动机使其在狭窄区域内拥有无与伦比的可操作性，再加上低震动、弹性旋翼系统和钛脊桨叶，H-76可以非常舒服的以大仰角爬升到一个新的高度。

◆ "虎"式武装直升机

"虎"式武装直升机由欧洲直升机公司研制，该公司由法国航宇公司和德国MBD公司联合组成。20世纪70年代，随着专用武装直升机在各大局部战争中的出色发挥，该机种为各国军队竞相研制和装备。1975年11月德国和法国的国防部长交换了共同研制反坦克直升机的信件，1989年11月双方正式授予研制合同，并将新型直升机命名为"虎"。德国陆军甚至为之中止了购买美国AH-64"阿帕奇"武装直升机的计划。当时德陆军已有150名军官接受了

虎式武装直升机

AH-64直升机使用、维护的培训。

　　"虎"式武装直升机具有以下优势：外形尺寸小，广泛采用复合材料，提高了其隐身性；重量相对较轻，机动灵活，爬升率为6.4米/秒，极限最大爬升率为11.5米/秒；"虎"的全光电探测系统是被动式的，不易被察觉；在经济性方面，"虎"不仅价格比较低，而且使用维护费用也少；"虎"的航炮在水平和垂直方向射击角度均比较大。"虎"有两种近距空空导弹吊舱，左为法国"西北风"导弹，右为德国的美制"毒刺"导弹。

　　欧洲"虎"式武装直升机的性能参数主要如下：

　　旋翼直径13.00米，尾桨直径2.70米；

虎式武装直升机

机身长14.00米;

机高(至桨毂顶部)3.81米;

翼展4.32米;

主轮距2.40米;后主轮距大约7.95米;

面积:旋翼桨盘132.70米², 尾桨桨盘5.72米²;

重量及载荷:基本空重3300千克,任务起飞重量5300~5800千克,最大过载起飞重量6000千克;

巡航速度:250~280千米/小时;

最大爬升率(海平面)>10米/秒;

悬停升限(无地效)>2000米;

续航时间(20分钟余油):2小时50分。

◆ WC-135W "不死凤凰"核侦察机

WC-135W由波音公司从WC-135B改造而来,是美国唯一一个用于空中收集核武器爆炸后的碎屑、漂尘等的武器平台,其收集的东西将用于识别和鉴定他国进行核武器试验的证据。

该机采用了波音公司C-135的机体,装备了能够收集大气中放射性微粒子的特殊过滤器和采样器,可以采集到空气中微量的放射性气体和碎屑。

美军只装备了一架WC-135W,由空军技术应用中心(AFTAC)控制,并由驻扎于内不拉斯加奥福特空军基地的第45空中侦察连队负责具体执行任务。WC-135W用于空中收集核武器爆炸后的证据碎屑、漂尘等,对其进行识别和鉴定。

冷战时期WC-135W被派往前苏联地区收集放射性气体和尘埃,将其用于1963年《禁止核武器试验条约》的证据。1986年用于监视苏联切尔诺贝利事件中核反应堆融化

WC-135W

后的放射性碎屑。20世纪90年代后还用于监视中国的核武器试验。在印巴核试验以后还被派往南亚用于确定两国核武器当量。2002年10月WC-135W被从本土派往日本冲绳群岛美军嘉手那基地用于确定朝鲜是否进行了核武器试验。2004年8月在朝鲜上空检验出"氪85"放射性气体。由于该气体是一种自然状态下不存在的放射性同位素，因而美军断定它是在切断废旧核燃料棒后提取钚的过程中排放到大气中的。

无人机

◆ RQ-1"捕食者"

美国空军的RQ-1"捕食者"无人机，是美军目前一种重要的远程中高度监视侦察系统。"捕食者"装有合成孔径雷达、电视摄影机和前视红外装置，其获得的各种侦察影像，可以通过卫星通信系统实时地向前线指挥官或后方指挥部门传送。

1994年1月7日，美国海军以3170万美元的先进概念技术验证合同要求有关方面在30个月内生产无人机并建立3个地面站。首批3架飞机和一个地面站于同年10月交付。飞机于1994年7月初进行了首次试飞，1996年6月底完成技术验证。

1997年，该型机被授予军用代号RQ-1A。RQ-1B是美国1999年新开发的变型机。B型机增大了机身，采用了Y型尾翼和涡桨发动机，进一步提高了起飞重量，增强了

RQ-1"捕食者"

续航能力。

　　一个典型的"捕食者"系统包括四架无人机，一个地面控制系统和一个"特洛伊精神II"数据分送系统。无人机本身的续航时间高达40小时，巡航速度126千米/小时。飞机本身装备了UHF和VHF无线电台，以及作用距离270千米的C波段视距内数据链。机上用于监视侦察的有效载荷为204千克。机上的两色DLTV光学摄影机采用了955毫米可变焦镜头。高分辨率的前视红外系统有6个可调焦距，最小为19毫米，最大560毫米。诺斯罗普·格鲁门公司的合成孔径雷达为"捕食者"提供了全天候监视能力，分辨率达到了0.3米精度。其他可选的载荷可按具体任务调整，包括激光指示和测距装置、电子对抗装置和运动目标指示器。

◆　"先锋"无人机

　　"先锋"为固定起落架式，在两个尾翼之间装有21千瓦的双缸汽油引擎，螺旋桨驱动方式；该机宽5.15米、长4.27米，最大起飞重量204公斤，可以120千米的时速巡航185千米，滞空时间3.5~4小时。1985年美国取得它的生产权之后立即普及到陆、海军和陆战队中。"先锋"无人机为美海军及海军陆战队使用的无人空中侦察系统。陆军和海军陆战队使用移动式发射架使"先锋"起飞，主要用于侦察、目标搜索和战损评估等；海军"先锋"则使用舰载发射架，主要观测弹着点。美军在海湾战争中共出动"先锋"共183个架次，合计飞行时间1083.1小时。

　　伊拉克作战中，装备了新型传感器的"先锋"无人机更好地支持了海军陆战队第1师从科威特向巴格达挺进，该传感器有效载荷装备了彩色日光电视，可向用户提供效果更好的前视红外图像。尽管红外图像使"先锋"在夜间的作战飞行更

"先锋"无人机

有效，但是事实证明彩色电视更有用。

　　这种传感器使分析员更容易地识别目标，它提供的视频图像比美国空军"捕食者"无人机提供的更好。

◆　"龙眼"无人机

　　"龙眼"（Dragoneye）无人机为"小型远程侦察系统"（SURSS），这种小型无人机将提供相当于营级能力的信息。

　　"龙眼"无人机重2.3千克，通

"龙眼"无人机

过手持发射，可以重复使用，翼展约1.1米。其飞行高度在91~152米之间，时速约56千米。执行任务的时间为30~60分钟。"龙眼"装备的可以拆换的载荷、自动驾驶仪和推进系统都来自商用现货（COTS）。地面控制站使用1台加固的商用现货膝上电脑。每个"龙眼"系统包括3架无人机和1个地面控制站。由2名士兵发射后，无人机按照事先编好的GPS路径点飞行。一旦进入目标区域，"龙眼"就会使用自身携带的传感器收集信息并将图片传回到地面控制站。

海军陆战队士兵用背包就可以携带"龙眼"无人机。2名士兵组成一个小组就能够携带无人机、4.5千克重的地面控制站和备用电池徒步执行任务。"龙眼"可以被应用在城市作战环境中，通过巡逻提供额外的安全保障，也可以在执行掩护任务时提供路径侦察。

◆ RQ-7"影子200"战术无人机

当前，美陆军固定翼战术无人机项目（TUAC）最重要的项目是RQ-7"影子200"无人机系统。RQ-7是"影子"系列当中最新的无人机系统，享有"陆军的眼睛"之美称，可以让陆军指挥官在作战发挥了极其重要的作用。

该机通常的飞行高度在1.6~3.2千米之间。影子200利用液压弹射器弹射起飞，离地时飞机的速度就可达到70节。地面控制站中的飞机控制人员操纵飞机到达目标上空，飞机的控制权将被移交给战术作战中

RQ-7"影子200"

中"第一发现，第一了解，第一行动"。在伊拉克战争中，美陆军部署在伊拉克的"影子200"无人机就心的控制人员。利用一系列的天线在无人机和控制人员之间传递信息和电视图像，影子200的机组人员

为常规作战、搜捕行动、反炮兵作战和搜救行动提供支援。

据AAI公司称，"影子200"无人机参与了许多著名的战斗，其中之一是捕获了绰号为"金刚石之王"的萨达姆高级副官之一。在另一次战斗中，"影子"无人机完成了侦察任务，从而使美国部队成功解除了一支支持萨达姆的伊朗游击队武装。

由于"影子200"无人机在飞行中噪声大，部队将该无人机命名为"尖叫魔鬼"。不过，在作战期间，这种无隐身的飞机倒能提供心理上的优势。

◆ E-2"鹰眼"预警机

E-2"鹰眼"是格鲁门飞机公司为美国海军舰队设计的空中预警飞机，在海军航母编队中担任空中预警和指挥任务，保护航空母舰战斗群，但也适用于执行陆基飞行任务。E-2是E-1预警机的后继机，从

1956年3月开始设计，共研制三架原型机，第一架原型机于1960年10月21日首次试飞。

E-2"鹰眼"的性能指标：

外开尺寸：机长17.5米，机高5.58米，翼展24.56米，弦长（翼根）3.96米，弦长（翼根）1.32米，机翼面积65.03平方米。

重量及负载：空重17 859公斤，最大油量5624公斤，最大起飞重量24 161公斤。

性能数据：最大平飞速度626千米/小时，巡航速度480千米，实用升限11 275米，作战半径为1500千米，转场航程为5282千米。最大续航时间为6小时15分，在位时间为4小时24分钟。

E-2在气动结构上采用常规布局。机翼采用全金属悬臂式上单翼，中央翼段为三梁多肋机加蒙皮盒形结构。外翼段用装在后梁上的斜轴接头铰接，翼内的双向作动筒可将机翼折叠到与机身侧面平行的

E-2 "鹰眼"

位置。机翼前缘有充气防冰套，内侧机翼前缘能打开，以便维护飞行操纵系统与发动机操纵系统。机翼后缘外侧为襟副翼，在富勒式襟翼放下时它会自动下垂。E-2C各操纵面均用不可逆助力器操纵，有人工感觉装置。操纵系统可由自动飞行操纵系统控制，也可用人工操纵并辅之以自动增稳控制。机身为全金属半硬壳式，在机身上方机翼前有冷却系统散热器舱，机身中部支架上有圆盘式雷达天线罩。

第三章

海战武器

海战自古有之，古埃及就发生过海战。在古代和中世纪社会，木桨战船是海军主要的作战平台，海战的武器是矛、剑、弓弩等冷兵器。14世纪火药由中国传入欧洲后，火炮火枪逐渐成为了海战的主要武器。19世纪中期开始，随着机器工业的蓬勃发展，以蒸汽机为动力的大型铁甲战舰和速射线膛炮登上了海战的舞台。19世纪末至20世纪中叶，潜艇、水雷、鱼雷、航母相继成为海战主要武器。二战后，海军步入了核动力舰艇和核导弹武器时代，海战武器呈现出信息化、智能化、一体化的发展趋势。

航空母舰是一种可以提供军用飞机起飞和降落的军舰。航空母舰按其所担负的任务分，有攻击航空母舰、反潜航空母舰、护航航空母舰和多用途航空母舰；按其舰载机性能又分为固定翼飞机航空母舰和直升机航空母舰，前者可以搭乘和起降包括传统起降方式的固定翼飞机和直升机在内的各种飞机，而后者则只能起降直升机或是可以垂直起降的定翼飞机。某些国家的海军还有一种外观类似的舰船，称作"两栖攻击舰"，也能搭乘和起降军用直升机或是可垂直起降的定翼机。

驱逐舰作为一种多用途的军舰，是19世纪90年代至今的海军重要的舰种之一，是以导弹、鱼雷、舰炮等为主要武器，具有多种作战能力的中型军舰。它是海军舰队中突击力较强的舰种之一，用于攻击潜艇和水面舰船、舰队防空，以及护航、侦察巡逻警戒、布雷、袭击岸上目标等，是现代海军舰艇中，用途最广泛、数量最多的舰艇；护卫舰是以舰炮、导弹、水中武器（鱼雷、水雷、深水炸弹）为主要武器的中型或轻型军舰。它主要用于反潜和防空护航，以及侦察、警戒巡

逻、布雷、支援登陆和保障陆军濒海翼侧等作战任务。在现代海军编队中，护卫舰是在吨位和火力上仅次于驱逐舰的水面作战舰只。护卫舰和战列舰、巡洋舰、驱逐舰一样，也是一个传统的海军舰种，是世界各国建造数量最多、分布最广、参战机会最多的一种中型水面舰艇。

本章将重点介绍航空母舰、驱逐舰和护卫舰这几种海战武器。同时，本章还将通过大量图片历数各类精良的海战武器，让读者对海战武器有一个全面的了解。

航空母舰

◆ 英国航空母舰

（1）"皇家方舟号"轻型航空母舰

"皇家方舟号"是英国皇家海军设计的航空母舰，开创了现代航空母舰的新纪元。"皇家方舟号"在第二次世界大战期间参加的最著名的战役是围歼俾斯麦号战列舰的战役，它在这场战役中击毁了俾斯麦号战列舰的方向舵，为英国海军舰队最后击沉该舰赢得了先机。

"皇家方舟号"

"皇家方舟号"船型长宽比例为7.6：1。考虑到在大西洋的恶劣海况，舰体采用高干舷，艏部设计成封闭型，两层封闭式机库包括有两个平台在飞行甲板与两层机库之间分别运行，作业比较烦琐。飞行甲板在艏部和艉部加装了向下倾斜的外伸板，尽量扩大飞行甲板面

"皇家方舟号"

在舰体结构中，并将飞行甲板（钢质）作为强力甲板，是船体的上桁材。这是英国与同期美、日设计的航空母舰不同之处。这种结构只能配置小型升降机，升降机较窄，运往机库飞机都必须事先把机翼折叠起来。它拥有三部升降机，升降机积。前端安装两台液压式弹射器，舰桥、烟囱一体化的岛式上层建筑位于右舷。设计岛式上层建筑时利用空气动力学因素以减少湍流。侧舷以及下层机库甲板等要害部位铺设有装甲，可抵御227千克炸弹的攻击。建造过程中舰体大量采用焊接

工艺节省结构重量。

"皇家方舟号"轻型航空母舰的性能参数如下:

载员:1400名;

排水量:标准16 000吨,满载20 000吨;

船体:长206.5米,宽31.8米;

吃水深度:8.8米;

动力装置:4台罗斯罗伊奥林帕斯TM3B燃气轮机;

推进功率:8.36万千瓦;

最大航速:28节。

武器装备:2座20毫米防空火炮;第一次改装后增加2座20毫米"密集阵"近战武器系统;第二次改装后增加3座20毫米"守门员"近战武器系统;1座双联"海标枪"防空导弹;雷达:1台1022型,2台1006型,2台909型,1台996型;声纳:1016型。

舰载飞机:英国航空航天公司的海鹞式垂直短距起落飞机,皇家海军F/A2海鹞式飞机,皇家空军GR7鹞Ⅱ飞机,GKN韦斯特兰海王直升机(海王HAS6、海王

AEW2)。

(2)"无敌"级轻型航空母舰

英国"无敌"级航空母舰是一级采用全燃动力的全通甲板航空母舰,是英国海军经过多方努力于1973年获得英国政府批准,并于当年4月17日向英国威克斯船厂订购,1973年7月20日开始动工建造的。

英国"无敌"级轻型航空母舰共建造3艘,首舰"无敌"号于1977年5月3日建成下水,于1980年7月11日正式进入英国皇家海军服役。其主要使命是反潜,由"海王"反潜直升机承担;还可在特混编队中作为指挥舰,对编队中的各成员,如舰、舰载机、陆基飞机或潜艇进行协调和指挥。另外该舰还具有一

"无敌"级轻型航空母舰

定的反导弹防空能力和区域防空能力，主要通过"海标枪"导弹系统和具有战斗和侦察能力的"海鹞"垂直短距起降飞机来实现。英国"无敌"级轻型航空母舰在设计上与传统技术相比，主要有两点不同：一是电动飞机升降平台，另一点就是滑跳式起飞跑道。电动升降机由于运行中出现可靠性问题，后在改装中去掉。采用滑跃式起飞跑道是"无敌"级轻型航空母舰的主要特点，起飞跑道呈抛物线斜升，为飞机起飞离舰增加了安全度。同时增加了艏部干舷，对舰的适航性也非常有利。但由于它是曲面，不是平甲板，因此在舰上这一部分飞行甲板无法停驻飞机。故而减少了

法国克里蒙梭级航空母舰

飞行甲板上的停机面积，也就是减少了停机架数，间接引起飞机发射量的降低。

1982年"无敌"号航母编队参加了英、阿的马岛之战。针对这次实战中所暴露出的问题，英国海军对"无敌"号航母进行了首次改装，最后于1989年1月完成了为期27个月的现代化改装。主要改装了滑跳跑道，使升角达到12°，增加了飞机停放空间和支援设施，使载机量至少达到21架（"海鹞"及"海王"空中早期预警和反潜直升机）。另外还加装了3座"守门员"近程防御系统。

◆ 法国克里蒙梭级航空母舰

法国海军在二次大战后初期曾拥有5艘航空母舰，最旧的是法国在大战前所建造的贝亚恩号，但其中使用价值很有限。2艘是1946年向美国租借的波亚·贝洛乌号及拉法叶号，分别于1960年与1963年归还。另一艘德格斯

密德号则是一艘向英国租借来的货轮改造航舰，多数时间被当作飞机运输舰使用，状况最好的是向英国租借的亚罗曼切号，其前身为英国皇家海军轻型舰队航舰巨人号，该舰于1946年租借予法国，1951年售让，最后于1970年解体。

法国海军为了淘汰这些旧航母，因而设计了克里蒙梭号和福熙号两艘航舰，并于50年代起造。法国在二大战后初期的航舰实际操作上获得了不少宝贵经验，克里蒙梭级航母便是融合了这些经验和技术建造而成的。此级航舰为法国海军执行了相当多任务，亦参与了不少距法国本土较近的任务，如在波斯湾战争中的黎巴嫩沿岸警等戒。

法国克里蒙梭级航空母舰的性能参数如下：

排水量：满载32 700吨；

规格：全长265米，全宽（包含飞行甲板）51.2米，吃水8.6米；

舰载机：16架超级军旗式攻击机、10架F-8E（FN）十字军式战斗机、3架军旗式IVP攻击机、7架信风式反潜机、2架以上云雀式或皇太子式直升机；

装备：海向尾蛇EDIR防空导弹系统2组、100毫米Model 1953G两用炮4门；

主机：2组帕森晴齿轮传动涡轮机（126 000轴马力），双轴，航速32节。

克里蒙梭级航舰属于传统式设计，拥有倾斜度8°的斜形飞行甲板、单层装甲机库，以及法国自行设计的镜面辅助降落装置，两具升降机。两具弹射器，一具在飞行甲板前端，一具在斜形甲板上。烟囱则如同美国航舰一般，结构于上部构造物之中而与舰岛合二为一。

法国发展了一系列飞机以供克里蒙梭级航舰搭载之用，包括达索公司的军旗和超级军旗攻击机，以及布来盖公司的信风式反潜机。而战斗机则采用美国海军F-8E十字军式战斗机，美国在20世纪60年代总共出售了42架F-8E（FN）给法国。

意大利加里波底级轻型航空母舰

◆ 意大利加里波底级轻型航空母舰

意大利加里波底级轻型航空母舰是继无敌级之后出现的又一级具有代表性的轻型航空母舰，它比无敌级更轻型，排水量只有无敌级的三分之二，号称世界上吨位最小的航空母舰。该舰的主要任务是在地中海执行警戒巡逻，扼守和保卫直布罗陀海峡通道，单独或率领特混编队遂行反潜、防空和反舰任务，掩护和支援两栖攻击，为运输船队护航，确保海上交通线畅通等等。

意大利加里波底级轻型航空母舰的外形与无敌级大致相同，也是直通式飞行甲板，首部甲板有6.5°的上翘。该舰经过周密细致的设计，吨位虽小，却可载16~18架飞机。舰上武器配置齐全，反舰、防空及反潜三者攻防兼备，既可作为航母编队的指挥舰，又可单独行动。

意大利加里波底级轻型航空母舰动力装置采用体积小、重量轻、功率大、启动快、操纵灵活的燃气轮机，使航速达30节，而且机动性强，从静止状态到全功率状态只需3分钟。

意大利加里波底级轻型航空母舰的性能参数如下：

排水量：标准排水量10 100吨（满载13 370吨）；

规格：全长180米，导弹甲板长173.8米，全宽33.4米，吃水6.7米；

舰载机：16架麦道AV-8B猎鹰II式战斗机、18架塞考斯基SH-3D海王式反潜/空中预警直升机；

装备：奥托·美拉导弹器4具、西里尼亚8联装导弹发射器两具、布瑞达40毫米炮6门、324毫米

鱼雷发射管6具（Honeywell Mk46反潜鱼雷）；

主机：4具飞雅特燃气涡轮机（80 000轴马力），航速30节。

◆ 西班牙"阿斯图里亚斯亲王"号航空母舰

西班牙"阿斯图里亚斯亲王"

改进，使主要舱室布置更加合理，为停机坪上的直升机设置了保护装置；另外对居住条件进行了改进，使舰上可增住6名军官和50名技术人员。

西班牙"阿斯图里亚斯亲王"号航空母舰的性能参数如下：

满载排水量：17 188吨；

西班牙"阿斯图里亚斯亲王"号航空母舰

号航空母舰是根据美国制海舰的设计改进而成，可搭载垂直/短距起降飞机和直升机，成为西方又一型现代轻型航空母舰。1990年，该舰进行部分改装，对岛式上层建筑作了

舰长：195.9米；

舰宽：24.3米；

吃水：9.4米；

动力装置：常规动力，2座燃气轮机，单轴推进；

功率：34.1兆瓦（4.64万马力）；

航速：26节；

续航力：6500千米/20节；

主要武器装备：4座20毫米近战武器系统；

搭载飞机：垂直/短距起降飞机12架，直升机16架；

人员：舰员555人，司令部和航空人员208人。

◆ 俄罗斯基辅级和改良型基辅级航空母舰

在超级大国时代，前苏联曾经拥有过全球第二的强大海军，与美国海军在世界各大洋展开激烈竞争，但是在航空母舰这一项上，前苏联却与美国有着天壤之别。

俄罗斯基辅级和改良型基辅级航空母舰的性能参数如下：

排水量：基辅级43 000吨，改良型基辅级45 000吨；

规格：全长273米，全宽53米；

吃水：基辅级9.5米，改良型

基辅级10米；

舰载机：12架雅克列夫（Yakolev）Yak-38A铁匠（Forger）A式战斗机、一架Yak-38B铁匠B战斗机、19架Ka-27卡默夫蜗牛A式反潜直升机、3架Ka-25贺尔蒙标B式标定直升机；

装备：基辅级：SS-N-12反潜导弹发射器8具（4对）、533毫米鱼雷发射管10具、Type 53鱼雷、SA-N-3B防空导弹发射器（分为2对，一具发射器10枚）、SA-N-4防空导弹发射器4具（分为2对，一具发射器18枚导弹，仅基辅号与明斯克号装设）、SA-N-9防空导弹六联装垂直发射4具（一具发射器24枚导弹、仅诺佛罗希斯克号装设）、SUW-N-1反潜导弹双臂发射器一

俄罗斯基辅级和改良型基辅级航空母舰

具、双联装76毫米炮2座、30毫米六管机炮8具、RBU 1200 十二管火箭2具；

改良基辅级：SS-N-12反潜导弹发射器12具（6对，备射导弹24枚），SA-N-9防空导弹六联装垂直发射系统4具（6个弹仓，一具发射器48枚导弹），100毫米炮2门，30毫米六管机炮8具，RBU 1200十管火管火箭2具；

主机：4组齿轮驱动涡轮机（200 000轴马力），四轴，航速32节。

◆ **美国航空母舰**

（1）美国"杜鲁门"号航母（cvn 75）

"杜鲁门"号航母由纽波纽斯船厂建造，1993年11月开工，1996年9月13日下水，1998年7月25日服役。"杜鲁门"号是"尼米兹"航母家族中的老八，为纪念美国第33任总统亨利·S·杜鲁门而得名。该舰于1998年7月编入美大西洋舰队服役。

美国"杜鲁门"号航母的主要性能参数如下：

载员：舰员3500名，航空人员

美国"杜鲁门"号航母（cvn 75）

2500名，海军陆战队72名；

排水量：标准73 973吨，满载105 500吨；

船体：长332.8米，宽40.8米；

飞行甲板：长335.6米，宽77.4米；

吃水深度：11.9米；

武器装备：3座8联装"海麻雀"舰对空导弹发射装置，4座"密

集阵"近战武器系统，SPS-49对空搜索雷达；

舰载飞机：F-14"雄猫"战斗机，F/A-18"大黄蜂"战斗/攻击机，EA-6B"徘徊者"电子战飞机，E-2C"鹰眼"预警机，S-3"海盗"反潜飞机，飞机弹射器4台；

舰载航空燃料：9000吨；

美国"艾森豪威尔"号航母

动力装置：2座A4W核反应堆，4台蒸汽轮机；

推进功率：20.9万千瓦；

最大航速：35节。

（2）美国"艾森豪威尔"号航母

"艾森豪威尔"号航空母舰是美国设计制造的一艘目前世界上最大，最先进的航空母舰。1970年开工建造，1975年下水，1977年开始服役美国海军。整个军舰造价为20亿美金。满载时的排水量91 500吨，舰长332.9米，舰宽40.8米，带斜坡的飞机甲板长332.9米，宽76.8米。宽敞的飞机库长208米，宽33米，高8米。可搭载一个航载机航空联队，包括各种飞机近百架，其中主要有攻击能力很强的F-14雄猫战斗机20架，F/A-18大黄蜂战斗轰炸机20架，A-6入侵者攻击机20架，EA-6B徘徊者电子飞机6架，E-2C"鹰眼"预警机5架，S-3A北欧海盗反潜巡逻机10架，SH-3G/H海王直升机6架等。

美国"艾森豪威尔"号航母的主要性能参数如下：

载员：舰员3105名，航空人员2885名，海军陆战队72名；

排水量：标准81 600吨，满载91 487吨；

船体：长332.2米，宽40.8米；

飞行甲板：长335.6米，宽77.1米；

吃水深度：11.3米；

武器装备：3座8联装"海麻雀"舰对空导弹发射装置、3座"密集阵"近战武器系统、SPS-49对空搜索雷达；

舰载飞机：75架 F-14"雄猫"战斗机、F/A-18"大黄蜂"战斗/攻击机、EA-6B"徘徊者"电子战飞机、E-2C"鹰眼"预警机、S-3"海盗"反潜飞机、2台飞机弹射器；

动力装置：2座核反应堆、4台蒸汽轮机；

推进功率：20.9万千瓦；

最大航速：30节。

潜　艇

◆ 美国潜艇

（1）鲟鱼级核动力攻击型潜艇

在美国海军目前的攻击型核潜艇部队中，除有声名显赫的洛杉矶级外，还有另一大主力，即33艘在 20世纪60年代至70年代建造的

鲟鱼级核动力攻击型潜艇

鲟鱼级。该级潜艇采用先进的水滴

形艇型，但艇体比以往的攻击型潜艇大，指挥台围壳较高，围壳舵的位置较低，这样可提高潜艇在潜望镜深度的操纵性能。鲟鱼级潜艇可在北极冰下活动，装有一部探冰声纳。为了有利于上浮时破冰，围壳舵可以折起。

鲟鱼级潜艇的排水量比洛杉矶级小了2000多吨，水下排水量为4780吨；艇长92.1米，宽9.7米，吃水8.8米；后来有9艘艇把原设计装的BQQ-2型声纳改装为BQQ-5型，使艇长增加了3米。尽管排水量小，但其艇上的武器装备与洛杉矶级相差无几，攻击能力很强。其位于艇舯的4具鱼雷发射管可发射MK48型鱼雷、鱼叉潜射反舰导弹以及战斧

"俄亥俄"超级核导弹潜艇

对陆攻击型和反舰型巡航导弹，总数为23枚。除此之外，鱼雷管还可装MK67或M60水雷。鲟鱼级原本装有沙布洛克反潜导弹，后由于该导弹逐步被淘汰，因而换装了战斧导弹。

鲟鱼级潜艇的动力装置包括1座S5W压水堆和2台蒸汽轮机，总功率为1.5万马力。它的水上航速为15节，水下航速为26节，下潜深度400米。该级潜艇服役后陆续进行了一些改装，有些艇装了消声瓦；有些艇装载了深潜救生艇；还有些艇因装上了蛙人运输艇，而具有两栖攻击的辅助作战能力。虽然鲟鱼级的设计使用寿命为30年，但随着美海军的战略调整，估计会有一些艇提前退役。

（2）"俄亥俄"超级核导弹潜艇

"俄亥俄"级弹道导弹核潜艇被誉为"当代潜艇之王"。就整体性能而言，它是当今世界上最先进的战略核潜艇。第一艘俄亥俄号（SSBN 736）1981年开始测试工

作，1982年1月发射第一枚导弹，并在当年10月作了首次战斗部署。前8艘俄亥俄级潜艇在帆罩后方配有24枚三叉戟Ⅰ型（D-5）导弹，田纳西号则改为三叉戟Ⅱ型（D-5）导弹，这种导弹在1990年3月在俄亥俄级上完成首次战斗巡航。除弹道导弹外，各舰另备有4具传统鱼雷发射管可供自卫。

"俄亥俄"级核潜艇的艇体属单壳型，在结构与布置等方面均与众不同。艇体艏艉部是非耐压壳体，中部为耐压壳体，整个耐压体仅分成四个大舱，从艏至艉依次是指挥舱、导弹舱、反应堆舱和主辅机舱。指挥舱分为三层：上层设有指挥室，无线电室和航海仪器室；中层前部为生活舱，后部为导弹指挥室；下层布置4具鱼雷发射管。导弹舱共装24枚"三叉戟"导弹，对称于中心线平行布置。反应堆舱的上部是通道，下部布置反应堆。主辅机舱布置动力装置。

"俄亥俄"级核潜艇是美国战略核力量的重要组成部分，是其核威慑战略的重要保证之一，一艘"俄亥俄"级核潜艇上携带的24枚导弹，336个分弹头可以在半小时内摧毁对方200~300个大中型城市或重要的战略目标。

"俄亥俄"超级核导弹潜艇的性能参数如下：

排水量：18750吨；

规格：全长170.7米，全宽12.1米，吃水11.8米；

装备：SSBN-726至SSNB-733：三叉戟Ⅰ型（C-4）潜射弹道导弹24枚；SSBN-734以后：三叉戟Ⅱ型（D-5）潜射弹道导弹、533毫米鱼雷发射管4具、顾耐德Mk 48鱼雷；

主机：一具通用电气S8G自然循环压水冷却式核子反应炉、涡轮导气驱动系统（60 000轴马力），单轴，航速20节以上。

（3）海狼级核动力攻击型潜艇

海军为在20世纪90年代后期和21世纪保持其核动力攻击型潜艇的优势，从80年代中期就开始研制替代洛杉矶级的SSN-21型海狼级新式

攻击型潜艇，并于1989开始建造首艇。但由于海狼级造价太高，前两艘平均造价20多亿美元，因此只被批准建3艘。

海狼级核动力攻击型潜艇

海狼级潜艇长99.4米，宽12.9米，吃水10.9米；水下排水量9150吨，是美国历史上吨位最大的核动力攻击型潜艇。该级潜艇应用现代最新技术，在动力装置、武器装备和探测器材等设备方面，堪称世界一流。作为目前世界上最先进的核动力攻击型潜艇，它有许多令人瞩目的特点。其特点之一是性能卓越。海狼级外形为长宽比 7.7:1的水滴型，接近最佳长宽比。采用一座S6W大功率高性能压水反应堆，轴输出功率达6万马力，水下最大航速

35节以上。

艇壳采用HY-00高强度钢，使其最大下潜深度可达610米。艇体线型和结构较美国前几级潜艇有重大调整，艏部声纳罩为钢制，提高了防冰层破坏能力，围壳舵改为可伸缩艏水平舵，同时采用Y型艉舵。配有能透过冰层的侦测装置，可在北极冰下海区执行作战任务。

特点之二是大量应用隐身技术。海狼级首次采用液压泵喷射推进器，艇体表面敷贴消声瓦，各种升降装置敷有雷达波吸收涂层，对产生噪声的设备采用先进的隔振降噪措施等，使其隐身性能极为突出，噪音水平仅为洛杉矶级改进型的1/10，是第一代洛杉矶级的1/70。

特点之三是进攻能力强、作战效能好。海狼级安装了8具610毫米鱼雷发射管，可发射战斧巡航导弹、海长矛远程反潜导弹、MK-48阿德卡普鱼雷、鱼叉舰舰导弹共50枚。

（4）洛杉矶级核动力攻击型潜艇

洛杉矶级潜艇自1976年首艇服役至今已有20余年的历史，是美国海军技术上最成功的一级攻击型核潜艇，也是目前在役数量最多的。该级艇共有59艘服役，另有3艘在建。

洛杉矶级是一级多用途攻击型核潜艇，可执行反潜、反舰、护航、布雷、侦察、救援等多种任务，装备战斧巡航导弹后还可执行对地纵深打击的任务。该级艇长110.3米，宽10.1米，吃水9.9米；水下排水量6927吨，水下航速32节；最大潜深530米；艇员编制133人。动力装置为1座自然循环压水反应堆，寿命10年。主机为2台蒸汽轮机，功率3.5万马力，水下最大航速30节。

洛杉矶级核动力攻击型潜艇外形细长，有较长的平行舯体，指挥台围壳高大并靠近舯部，艇尾是头瘦的纺锤形。为了降低噪音，该艇从艇体外形到机械设备均采取了相应降噪措施，并从SSN-751号艇开始加装消声瓦，目前仍在安静性方面进行改进。

洛杉矶级核动力攻击型潜艇

洛杉矶潜艇的舯部装4具533毫米鱼雷发射管，可发射MK48ADCAP线导重型鱼雷和鱼叉舰舰导弹。1986年，从第32艘起在舯部耐压壳的外部加装了12具战斧导弹垂直发射装置，并装备有反舰型和对地攻击型战斧巡航导弹。海湾战争中，有9艘洛杉矶级潜艇参加了1991年的海湾战争，其中两艘首次发射了战斧导弹。其携带武器总量为26发（枚），其中战斧8枚，鱼叉4枚，鱼雷14枚。此外，该级艇还可布放MK67和MK60水雷。

（5）拉斐特级核动力弹道导弹潜艇

拉斐特级是美国海军继乔

拉斐特级核动力弹道导弹潜艇

治·华盛顿级和伊桑·艾伦级之后的第三代核动力弹道导弹潜艇。与前两代相比，该级潜艇装备了射程更远的弹道导弹，改进了导弹发射指挥系统，使潜艇在海上能自己选择目标进行攻击；改善了艇员居住条件，改进了电子设备，使其小型化和自动化程度更高。

拉斐特级潜艇采用棒槌形艇体：艇首圆钝，艇体长大，呈光顺的流线形。其艇长129.5米，艇宽10.1米，吃水10米；轻载时水面排水量

为6650吨，水下排水量8200吨；航速20~25节；人员编制140人。其动力装置为1座S5W Ⅱ型压水堆及2台蒸汽轮机，总功率2万轴马力，反应堆一次装料可连续使用6年。

拉斐特级核潜艇从1961年首艇开工到1965年，共建造31艘。它们所装备的弹道导弹以及导弹发射指挥装置等都有所不同。该级艇前8艘装备的是16枚射程2700千米的北极星-A导弹，后23艘装备的是射程为4500千米的北极星-A导弹。

后来由于反弹道导弹武器的出现，美国海军决定将拉斐特级潜艇全部改为装备海神–C多弹头分导重返大气层弹道导弹。这种导弹的综合破坏力约为北极星–A的2倍，射程增至4600~5600千米，且有14个4万吨TNT当量的分导弹头，增强了导弹穿越敌力陆基导弹防御区的能力，并能同时攻击多个目标。这次改装工程历时8年，耗资33亿美元。1978年至1982年，美国海军又将该级艇的12艘改装为三叉戟Ⅰ型弹道导弹。该导弹射程进一步增至7400千米，且有8个10万吨TNT当量的分导弹头。

拉斐特级潜艇除装备16枚弹道导弹外，还携载12枚鱼雷用于自卫，它们由位于艇首的4具533毫米鱼雷发射管发射。鱼雷可以是老式的MK37或MK45型线导反潜鱼雷，也可以是新式的MK48型线导反潜鱼雷。由于该级艇从富兰克

林号以后都装有主机消音装置，故单独列为一级，称作富兰克林级。在1986年至1992年，除2艘艇改为执行非战略使命而继续留用外，美国海军将装有海神C–3导弹的潜艇全部退役，其中包括首艇拉斐特号。由此拉斐特级潜艇便被改称为麦迪逊级，从而结束了其光荣而传奇的一生。

◆ 俄罗斯潜艇

（1）C级核动力巡航导弹潜艇

"查理"级是前苏联继"回声"级之后发展的第二代巡航导弹核潜艇；同时，它又是第一级具有水下发射导弹能力的潜艇。导弹从水下发射比从水面发射具有更大的隐蔽性，攻击威力更大，同时也减

C级核动力巡航导弹潜艇

少了发射艇的暴露机会。"查理"级潜艇服役后，对西方国家的水面舰艇构成了很大威胁。

"查理"级简称C级，它有两种型号，即1967年至1972年建造的C-Ⅰ型和1973年至1980年建造的C-Ⅱ型。C-Ⅰ型潜艇长94米，宽9.9米，吃水7.5米，水上排水量4000吨，水下排水量5000吨。C-Ⅱ型由于换装了导弹使艇体更大，排水量更大，其艇长为102米，宽仍为9.9米，吃水为7.8米；水上排水量为4500吨，水下排水量则增至5550吨。

"查理"级潜艇在艇舯部的耐压壳体和非耐压壳体间安置了8具导弹发射筒。C-Ⅰ型发射的是8枚射程为64千米的SS-N-7反舰导弹，C-Ⅱ型发射的则是更为先进的、射程为110千米的SS-N-9"海妖"反舰巡航导弹。除以上差别外，两者的航速（水上15节，水下25节）、潜深（300米）、动力装置（一台压水堆和一台蒸汽轮机，总功率2万马力）以及所装备的声纳、雷达、通信、导航、电子战、潜望镜等电子设备均相同。而且，C-Ⅰ型和C-Ⅱ型都在艇首装有6具533毫米鱼雷发射管，可发射总数为14枚的SS-N-15反潜导弹和53型鱼雷。

1983年6月，1艘C-Ⅰ型潜艇在太平洋堪察加海区处下潜时，由于通风道忘了关闭，水进入舱室内部，导致潜艇沉没，虽然艇员迅速从艏舱鱼雷管和逃生口逃出，但仍有17人不幸身亡。后来此艇被打捞上来，被拆毁报废。

（2）俄罗斯导弹艇"毒蜘蛛"

"毒蜘蛛"级是苏联海军于20世纪70年代后期研制的新型导弹艇，工程代号1241，是由"纳奴契卡"级轻型导弹护卫舰发展而来的。"毒蜘蛛-3"型是该级导弹艇的较新型号，采用平甲板艇型，上层建筑为轻型合金结构，无线电室和作战情报中心设在舰桥下的甲板室中。两舷有明显的折角线，长宽比为5.4，全艇长56.1米，舷宽11.2米，吃水线2.5米，标准排水量385吨，满载排水量455吨。采用2台M

俄罗斯导弹艇 "毒蜘蛛"

70型燃气轮机，功率1765千瓦，2台M510型柴油机，功率5880千瓦，双轴，最大航速为36节，续航力400海里/36节（1650海里/14节），人员编制34人。

与其他小型导弹艇不一样的是，"毒蜘蛛-3"不但对舰攻击火力强大，还有相当的防空能力。其主要装备是4枚SS-N-22 "日炙" 反舰导弹，这也是"现代"级驱逐舰的主要武器，基本型射程为90千米，改进型3M82为120千米，采用液体整体式火箭冲压发动机，最大飞行速度2.3马赫，末段掠海飞行高度为7米，单发命中概率为94%。惯性导航加末段主/被动雷达制导，半穿甲爆破战斗部重320千克，一两枚导弹就可使1艘驱逐舰失去战斗力，或击沉1艘2万吨级的商船，对体积巨大的航母也有很大的杀伤力，有

"航母克星"之称。防空武器有1座SA-N-5"杯盘"舰空导弹发射装置和2座AK-630型30毫米六管舰炮。SA-N-5是近程防空导弹，采用人工瞄准方式，红外寻的，射程6000米，飞行速度1.5马赫，飞行高度2500米，战斗部重1.5千克。舰尾2座AK-630六管炮的最大射速为5000发/分钟，对付低空的反舰导弹时最大射程为4000米，对付轻型水面目标时最大射程为5000米。此外，舰首还有一门76毫米主炮，可用于攻击海上和地面目标。

"毒蜘蛛"系列导弹艇不但装备了俄罗斯海军，还大量出口到东欧国家及印度、越南、伊朗等。为了迎合出口需要，"毒蜘蛛-3"还可以改装较轻型的SS-N-25反舰导弹以及更先进的SA-N-9防空导弹和"卡什坦"弹炮合一防空系统等。

驱逐舰

◆ 俄罗斯驱逐舰

（1）卡辛级驱逐舰

卡辛级驱逐舰大型反潜舰，它

卡辛级驱逐舰

是世界上首级完全依靠燃气轮机推进的战舰。"镇静"号是该级舰的最后一艘，也是唯一一艘曾建造过的"卡辛"改进型舰。1962年至1969年，卡辛级驱逐舰共建造19艘。

卡辛级驱逐舰技术性能数据如下：

排水量：4750吨；

舰尺度：长143.5米，宽15.8米，高4.7米；

航速：35节；

续航力：4500海里（8334千米）；

舰员编制：280人；

动力装置：8台燃气轮机，96000匹；

武器系统：4座76毫米高平两用炮、2-SA-N-1双联装防空导弹发射器、4座火箭深弹发射器、5-533反潜鱼雷发射管；

电子和雷达系统：顿河2导航雷达、警犬电子对抗系统、首网对空对海雷达、枭声炮瞄和火控雷达、果皮群制导雷达、高杆B敌我识别雷达；

声纳系统：舰壳。

（2）当代级导向导弹驱逐舰

当代级主要武装为8枚SS-N-22反舰导弹，以四联装发射器置于舰桥两侧，SS-N-22射程可达133公里。舰上主要武装还包括两座双联装130毫米全自动舰炮，这种水冷式舰炮的射速可达每分钟65发。舰身后段有一大型的飞行甲板，烟囱后方并设有一伸缩式机库。

当代级的推进系统为传统的蒸气涡轮而非较新式的燃气涡轮机，这点倒是略为出人意外，不过在前苏联军舰中也不乏采用蒸气涡轮机而极为成功的例子。依据现有资料

当代级导向导弹驱逐舰

研究，当代级所采用的主要应为微正压自动蒸气发电机，与十字级使用者相同，两者皆由圣彼得堡的查达诺夫造船厂所制造，这种发电机的特点之一是加速性非常优异（由

建造中，全部建造完毕后将均分给北海舰队及太平洋舰队使用。当代级被苏联海军归类为askadrenny minonosets，意为"驱逐舰"，但就其舰体大小与作战能力而言，已经

法国休弗伦级导向导弹驱逐舰

10节加速至32节可在两分钟内完成），这可使当代级在进行反潜作战时占据很大的优势。

目前当代级驱逐舰仍在持续

与巡洋舰相去不远了。

当代级导向导弹驱逐舰的性能参数为：

排水量：满载7850吨；

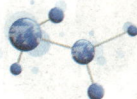

规格：全长156米，全宽17.5米，吃水6.2米；

搭载机：一架卡默夫Ka-25贺尔蒙B标定直升机；

装备：8具SS-N-22反潜导弹发射器、2具SA-N-7防空导弹系统、2座双联装130毫米两用炮、4具533毫米鱼雷发射管、2具RBU1000反潜火箭发射器、水雷；

主机：2具蒸气涡轮机（100 000轴马力），航速34节；

当代级在设计之初即受到北约组织高度的重视，当时尚未确知其名称，因此被赋于波康二号（Bal Com-2）的代号。当代号于1987年

俄罗斯无畏级导弹驱逐舰

下水，其后有14艘同型舰陆续动工。此级驱逐舰将水面作战能力极尽发挥，而其舰内空间亦较前苏联以往的驱逐舰为大。

（3）俄罗斯无畏级导弹驱逐舰

"无畏"级是前苏联海军反潜舰艇，俄罗斯称其为"大型反潜舰"。大型专用反潜舰是俄海军的一大特色，其他国家十分少见。这既有战略思想的不同，也有技术方面的原因。前苏联由于电子、武备比较落后，体积较大，在一艘舰艇上很难做到"面面俱到"，只能"分工合作"，由"无畏"级和"现代"级分任反潜、反舰重任。

但它的排水量超过了后者，是俄罗斯海军驱逐舰中当之无愧的"老大"。首舰"无畏"号于1980年入役，直到今天，这种驱逐舰共建12艘，最后一艘"潘杰列耶夫海军上将"于1991年

7月服役。

俄罗斯无畏级导弹驱逐舰技术性能数据如下：

排水量：8200吨；

舰尺度：长161.5米，宽18.5米，吃水6.5米；

航速：32节；

续航力：5600海里（10371.2千米）；

舰员编制：350人；

动力装置：燃气轮机4台/80 000匹；

武器系统：2座100毫米高平两用炮、4座30毫米六管机炮、2座SS-N-14四联装反舰导弹发射器、8座SA-N-8防空导弹发射器、2座火箭深弹发射器、8座533反潜鱼雷发射管、电子和雷达系统、警犬电子对抗系统、双支柱对空雷达、棕榈叶对海雷达、鸢声/低音帐篷炮瞄和火控雷达、眼球果皮群制导雷达、高杆B敌我识别雷达；

声纳系统：舰壳和变深各1部；

飞机：2架直升机。

◆ 法国驱逐舰

（1）"卡萨尔"级驱逐舰

"卡萨尔"级驱逐舰是在广泛吸收其他级别驱逐舰长处的基础上，主要考虑为各类编队担负防空任务而专门设计建造的一级具有20世纪90年代先进水平的新型驱逐舰。

该级舰总体设计十分合理：舰首呈一5@的负鞍弧，增大了舰炮射击时的扇面；踞部吃水浅，因而中低速航行时阻力较小。舯部舰桥位置后移，可减小在大风浪情况下海浪对其冲刷。舰上作战系统配置方便、简单，十分利于作战。该级舰采用了"塞尼特"-6作战指挥系统和"织女星"武器控制系统。各个分系统既能独立工作，又能通过总线相互传递信息；而大系统通过数据总线与中央计算机相联。上述配置方法，使作战系统在作战情报系统发生故障时，具有重新组合能力。该级舰采用了当今比较先进的通气技术和机舱内气垫屏蔽等措施。"卡萨尔"级还是法国海军首次采用CODAD联合动力装置的舰。

"卡萨尔"级驱逐舰

该级舰现役2艘。首制舰"卡萨尔"号于1982年9月动工兴建，1985年2月下水，1988年7月加入现役。

"卡萨尔"级舰长139米，宽14米，吃水4.7米；满载排水量4668吨；动力装置采用4台柴油机，总功率4.24万马力，最大航速29.5节。该级舰武器装备齐全，除了防空武器外，还有不少反潜反舰武备。防空武备有：2座六联装"萨德拉尔"导弹发射架，可发射"西北风"舰空导弹；1座"标准"SM-1MR舰空导弹 MK-13-5型发射架（备弹40枚），2座四联装 MM-40"飞鱼"舰舰导弹发射架，2具鱼雷发射管；此外，还有一架 MK-24"大山猫"直升机。直升机上载有 MK-46反潜鱼雷和反潜深弹。舰上的探测设备和指挥控制设备较多，且比较先进；同时配有一些电子战设备。

"卡萨尔"级的上层建筑是由铝合金制造的，中弹起火遇高温时容易熔化，因而抗毁能力较差。

（2）法国休弗伦级导向导弹驱逐舰

第二次大战之后，法国建造了数级较小且外形较不出色的驱逐舰，然而法国人造舰的天赋在其后

的休弗伦级（Type F60）驱逐舰上得到了充分的证明，它是一艘具有传统法国风味的新生代法国驱逐舰，同时也是第一艘依据法国需求所建造的导向导弹驱逐舰。

弹发射器，其后方是一具可变深度声纳。

休弗伦级最明显的特征是位于舰桥上的巨大球状物，该球状物中包括DRBI23三维雷达。整体而言，

休弗伦级导向导弹驱逐舰

休弗伦级驱逐舰除休弗伦号之外，还有狄盖斯号，这两艘军舰皆有强大的武装及优美的外形。其装备包括舰部2座单装100毫米炮、烟囱桅（烟囱与主桅的混合结构）后方的马拉风反潜火箭发射器，后段上部构造有4具MM38飞鱼导弹发射器，舰部甲板则有一具马索加防空

休弗伦级是一种性能优异的驱逐舰，它的武装配置均衡，航行时的稳定度也令人赞叹。马拉风反潜火箭提供了长程反潜火力，同时也省略了直升机甲板和机库的空间。

休弗伦级导向导弹驱逐舰的性能参数如下：

排水量：满载6780吨；

规格：全长157.6米，全宽15.5米，吃水6.1米；

装备：马索加防空导弹系统1具，MM38飞鱼反舰导弹发射器4具、100毫米；MODEL1964两用炮2门，20厘米防空机炮2门，马拉风反潜系统一具，L5鱼雷发射管2具；

主机：2组哈东齿轮传动涡轮机（72 500马力）、航速34节。

◆ 美国驱逐舰

（1）美国斯普鲁恩斯级导弹驱逐舰

在20世纪60年代，大批服役于美军中的二次大战型驱逐舰已渐陈旧过时，美国海军急需一种能大量替换旧型舰只的驱逐舰，斯普鲁恩斯级就是在这种前提下设计建造的，其主要任务是反潜，且较上一代驱逐舰大了许多。由于斯普恩斯级被要求以有限有经费尽可能增加建造数量，因此虽然是一种大且耐航性极佳的驱逐舰，但却只配置了少量的武器，与其舰身大小有不相

美国斯普鲁恩斯级导弹驱逐舰

称之感。

斯普鲁恩斯级导弹驱逐舰的性能参数如下：

排水量：8040吨；

规格：全长171.7米，全宽16.8米，吃水5.8米；

搭载机：一架卡曼SH-2F海妖式LAMPSⅠ或一架塞考斯基SH-60B海鹰式LAMPSⅢ反潜直升机；

装备：DD 974、976、979、983-984、989-990七艘，Mk44四联装BGM-109战斧巡弋导弹发射器2具（导弹8枚），RGM-84A鱼雷反舰导弹四联装发射器2具，MK 32 324毫米鱼雷发射管6具（MK 46鱼雷14枚），MK 29八联装海麻雀导弹发射器一具（导弹24枚），MK 16八联装ASROC发射器一具（反潜火箭24枚），MK 45 Mod 01 327毫米炮2门，Mk 15方阵近迫武器系统2具，12.7毫米机枪4挺；

主机：4通用电气LM-2500燃气涡轮机（86 000轴马力），双轴，航速32.5节。

斯普鲁恩斯级的武装与感测器也经历了多次的改变，设计时每艘乘员为232人，而目前已增至315人，增加了36%。此外，常有单独一艘斯普鲁恩斯级被实施了"仅有一次"（one-off）的新武器系统测试，因此，斯普鲁恩斯级驱逐舰即使在同一时期也常有各舰武装不相同的情况。

（2）美国基德级导弹驱逐舰

"基德"级驱逐舰具有"斯普鲁恩斯"级驱逐舰的某些外形特征，同时还混合了"弗吉尼亚"级核动力巡洋舰的作战系统。作为一种多用途战舰，"基德"级驱逐舰可以同时应付来自空中、海面和水下的攻击。

"基德"级的舰体与动力系统基本设计与斯普鲁恩斯级舰相同，其动力系统的设计都是为了应付常规战争，而不仅仅是反潜战斗，但"基德"级在舰体侧舷与若干重要部位增加"凯夫拉"或铝质装甲，因此排水量比斯普鲁恩斯级舰大。基德级与斯普鲁恩斯级舰最主要的区别在作战装备，舍弃了斯普鲁恩

美国基德级导弹驱逐舰

斯级舰以反潜为主的战系与武装配置，代之以类似"弗吉尼亚"级核动力导弹巡洋舰的战斗系统与防空武装，最主要的武器为两具MK-26双臂防空导弹发射器。由于以防空为主要任务，"基德"级便未装备"斯普鲁恩斯"级舰的SQR-19拖曳数组声纳以及MK-112型"阿斯洛克"反潜导弹发射器。船楼前方的MK-26弹舱容量较舰尾的MK-26小，因为原先预定在舰部安装MK-71型203毫米舰炮，但后

来遭到取消，仍沿用美国海军制式的MK-45型127毫米舰炮。艉部的MK-26可装填16枚"阿斯洛克"反潜导弹，使该级舰仍然具备相当的中长程反潜能力。

美国基德级导弹驱逐舰的性能参数如下：满载排水量8300吨，航速33节，续航力6000海里/20节。舰上配有2座MK141四联装鱼叉导弹发射架，2座MK10双联装标准/小猎犬/阿斯洛克反潜导弹发射架，带弹68枚。直升机为2架SH-60。反潜武

器为2座MK32三联装鱼雷发射管。舰炮为2座MK16型20毫米炮，2座MK45单127毫米/54身倍炮。干扰系统有SLQ32V电子战系统，4座MK36干扰火箭发射器。

适航性和隐身性等诸方面都名列世界前茅。

"伯克"级首制舰于1988年12月动工兴建，1989年9月下水，1991年7月正式入役。美国海军预

伯克级驱逐舰

（3）伯克级驱逐舰

"伯克"级被认为是当今各国海军中最先进的一级驱逐舰。与以往的驱逐舰相比较，该级舰在防空、反舰和反潜方面均有质的提高。无论在攻击力、生存力，还是

计建造32艘该级舰，其中首批建造18艘，第二批建造14艘。

该级舰舰体全部采用钢结构，弹药舱、机舱和电子设备舱配置了凯夫拉装甲，具有良好的抗爆和抗冲击性。

"伯克"级采用了大水线线型，极大地改进了适航性，特别是在北极海区其适航性更为突出；其踞部采用了楔形结构，使航速得到了提高。舰上的关键部门，包括作战情报中心和通信中心均位于水线以下，且被加固。数据系统采用了分散布局形式，并有五条线路，一旦舰船中弹不致于使武器探测装置失控。该级舰的动力装置新颖独特；舰上螺旋桨采用定距浆，为现代燃气轮机舰艇首次使用，可提高全速前进的效率，且噪声低，提高了隐蔽性。"伯克"级是美国继"提康德罗加"级巡洋舰之后第二种装备"宙斯盾"系统的水面战舰。该系统可连续有效地同时搜索、识别和跟踪数百个400千米以外的目标，并能迅速地将目标战术态势显示在屏幕上。

"伯克"级是美国海军中首级具备隐身能力的水面战舰。其上层建筑比同类舰只要小，舷侧和桅杆基座倾斜，边角采用圆弧过度，

伯克级驱逐舰

因而可散射掉相当多对方发射的雷达波，大大降低对方雷达的发现概率；舰体一些垂直表面涂有吸波材料。该级舰的烟囱末端设置有冷却排烟的红外抑制装置，从而减少了被红外线探测到的机会。与此同时，"伯克"级舰上还装有一种"气幕降噪"管路，能够在舰体外形成一层由气泡构成的消声层，起到降低噪声的作用，并减少被对方潜艇和声自导鱼雷发现和攻击的机会。该级舰长153.6米，宽20.4米，吃水6.1米，标准排水量6625吨，满

载排水量8315吨，动力装置为4台燃气轮机，总功率10万马力，最大航速30节以上。

伯克级驱逐舰的舰部和舰部各有一组MK-41型导弹垂直发射装置。它可发射"战斧"式导弹、"鱼叉"舰舰导弹、"标准"SM-2MR舰空导弹或"阿斯洛克"反潜导弹。全舰备弹90枚，其中舰首部备弹29枚，舰尾部备弹61枚。另有1门MK-45-1型127毫米炮、2门6管MK15型20毫米速射炮。"伯克"

级除了探测设备和指挥控制系统先进齐备外，电子战设备更是性能卓越，尤其适宜于制电磁权争夺日益激烈的今天。最大的不足之处就是没设直升机机库。

◆ 日本驱逐舰

（1）"白根"级直升机导弹驱逐舰

"白根"级是日本海上自卫队第二代直升机驱逐舰。按1975和1976年度造舰计划，建造2艘，舰号

"白根"级直升机导弹驱逐舰

为DD143和DD144。主要用于反潜作战，也可起护卫舰和指挥舰的作用。

首舰"白根"号于1977年2月开工，1978年9月下水，1980年3月服役。第二艘"鞍马"号于1981年3月服役。

"白根"级直升机导弹驱逐舰其特点是：

①该级舰为平甲板型直升机驱逐舰，是"榛名"级的改进型，排水量增加500吨，总长增加6米，上层建筑顶部平台中部设两根桅，并采用烟桅合一形式。为降低重心，上层建筑采用铝合金结构。舰中部两舷舰部设置一对舭龙骨和减摇鳍，鳍叶侧面积为8平方米。

②动力装置为双桨双舵蒸汽轮机系统。有2台蒸汽轮机和2台锅炉，总功率为70 000马力。

③主要武器有：2门MK42 127毫米单管炮、2座MK15型"密集阵"20毫米六管反导炮、1座MK29型八联装"海麻雀"舰空导弹发射装置、1座MK112型8联装"阿斯洛克"反潜导弹发射装置、2座68型3联装324毫米鱼雷发射管、NOLQ1电子战系统、OLR-9B干扰机、3架HS-60J"海鹰"直升机。

④主要探测器有：对空搜索雷达OPS-12，三坐标，D波段，作用距离119千米；对海搜索OPS-28，G/H波段；火控雷达WM25，I/J波段，作用距离46千米；2部72-1A型FCS，I/J波段；战术通信系统URN25；导航雷达OFS-2D，G/H波段；声纳有：SQS-35（J），变深声纳，主/被动搜索，中频；OQS101，舰壳低频；SQR-18A拖曳声纳阵，被动，甚低频。

⑤指挥控制系统有OYQ-3作战数据自动化系统；数据链11和14；卫星通信系统；MK114反潜战火控系统，控制"阿斯洛克"；72-1A型火炮火控系统。1990年两艘舰都改装了"密集阵"反导火炮系统。

（2）"旗风"级导弹驱逐舰

日本海上自卫队"旗风"级驱逐舰的性能参数如下：

标准排水量：4600吨；

"旗风"级导弹驱逐舰

满载排水量：5500吨；

舰长：150米；舰宽：16.4米。

吃水：4.8米。

主机：采用COGAG方式使用全燃动力，2台罗–罗公司的"奥林普斯"TM3B燃气轮机，持续功率36.8MW（49 400马力）2台罗—罗公司的"斯贝"SM1A燃气轮机，持续功率19.9MW（26 650马力）；2个卡麦瓦变距桨，双轴。

航速：30节。

编制：260人（军官23人）。

导弹：

反舰导弹：2座4联装"鱼叉"反舰导弹。

反潜导弹：1座八联装MK112型"阿斯洛克"反潜导弹发射装置。

舰空导弹：1座单臂MK–134导弹发射装置，备"标准"SM–1R导弹40枚。

舰炮：2座MK42型127毫米/54自动火炮，仰角85°，射速20~40发/分，对海射程24千米，对空射程14千米，弹重32千克；2座"密集阵"20毫米火炮。

鱼雷：2座三联68型反潜鱼雷发射管，发射MK46-5反潜鱼雷。

对抗措施：4座MK36型干扰火箭发射装置。三菱机电公司的NOLQ-1/3侦察/干扰设备，富士通公司的OLR-9B侦察/干扰设备。

作战数据系统：OYQ-4，11和14号数据链，卫星通信系统。

火控：2-21C型用于127毫米火炮火控系统，通用电气公司的MK74-13"标准"导弹火控系统。

雷达：

对空搜索：休斯公司的SPS-52C三坐标雷达，E/F波段，搜索距离439千米；三菱机电公司的OPS-11C对空搜索雷达。

对海搜索：日电公司的OSP28雷达，G/H波段。

火控：2部雷声公司的SPG51C雷达，G/I波段；三菱机电公司的2-21雷达，I/J波段；2-12型雷达，I波段。

"塔康"：日电公司的ORN-6战术导航系统。

声纳：日电公司的OQS4球首声纳，主动搜索与攻击，中频。

直升机：1个直升机平台用于起降架SH60J"海鹰"或三菱HSS-2B"海王"直升机。

（3）"金刚"级导弹驱逐舰

日本海上自卫队经历了从近岸被动式国土防御到积极的前治防御战略的转变，即从近海防御到远洋防御的转变。在海上自卫队战略的转变过程中，日本海上自卫队的兵力和装备水平获得了迅猛的扩张和

"金刚"级导弹驱逐舰

发展，日本海上自卫队实际上已经成功实现了从近海防御型到区域型的转变。随着日本海上自卫队的防

御范围扩大到1852米，其水面兵力的核心也逐渐加强，护卫舰队的4个护卫队群的编队防空能力成为首要考虑的问题。日本海上自卫队的4个舰队中，比较现代化的防空为主的驱逐舰只有80年代后期服役的"旗风"级驱逐舰，需要配备具有现代化编队防空能力的新型驱逐舰。于是，日本海上自卫队提出了引进美国DDG51"伯克"级驱逐舰的计划，开始时申请2艘，以便每个舰队中各有1艘现代化的防空驱逐舰，后又增加2艘，变为每个舰队都配备1艘"金刚"级，为此，"旗风"级的建造计划由原来的4艘降为2艘。

"金刚"级的使命任务如下：

①主要使命是用于4个护卫队群的编队防空。

②执行护卫队群的反舰攻击任务。

③执行护卫队群的反潜任务。

（4）村雨级驱逐舰

村雨级驱逐舰是日本最新型驱逐舰，首舰1996年3月服役，村雨级有一定隐形效果，并且自动化程度很高，编制才170人。凭心而论，其武备、电子设施等都是中国同类型的驱逐舰所不及的。

村雨级驱逐舰

村雨级驱逐舰的性能参数如下：

排水量：4400吨（标准）；

全长：151米；

全宽：17.4米；

吃水：5.2米；

主机：燃气轮机联合，双轴，2座斯贝SMIC+2座LM2500；

最大航速：30节；

武备：MK41垂直发射系统发射海麻雀舰空导弹、MK48垂直发射系统发射阿斯洛克反潜导弹、4座反舰导弹发射器发射日本国产的SSM-1B导弹或美国的捕鲸叉、2座密集阵近防系统、2座3联装324毫米反潜鱼雷发射管。

主炮：76毫米炮1门；

舰首声纳：球首声纳为主/被动OQS-5，拖弋声纳为OQR-1改进型，均为日本最新式；

飞机：1架SH-60J直升机；

雷达：OPS-24对空搜索，OPS-28D对海搜索，OPS-20导航，FCS-2-31火控雷达等；

电子支援/干扰：日本国产的NOLQ-2，与美国的SLQ-32相仿。

战术情报系统：OYQ-7型，由数台小型计算机联网而成。

◆ 英国曼彻斯特级驱逐舰

曼彻斯特级导弹驱逐舰原为"42"型驱逐舰，当初仿照"布里斯托尔"号设计。钢质船体，全焊接式，通长甲板，上层建筑为铝合金质。舰体结构坚固，适航性好，外形工整，线条明快，中层甲板高2.45米。1978年以后建造的该级各舰船体较长、较宽，提高了航行稳定性。"谢菲尔德"级是英国首批采用燃-燃联合型（COGOG）动力装置的驱逐舰，这种动力装置体积小、重量轻、轮机兵可减少25%。推进系统包括2台罗尔斯—罗伊斯公司造"奥林普斯TM 3B"型燃气轮机（每台功率28 000，用于快速航行），以及2台罗尔斯-罗伊斯公司造"RM 1A"型燃气轮机（每台功率4100马力，用于巡航）。主机和辅机分设4舱。辅机包括4台柴油发电机组（每台功率为1 000千瓦），

全宽：14.90米；

吃水：5.8米；

主机：2座RM1C巡航燃气轮机，10 680轴马力；2座TM3B推进燃气轮机，54 400轴马力

最大航速：29.5节；

武备：海标枪舰空导弹，2座3联装324毫米鱼雷发射管，2座20毫米密集阵防空炮，2座Oerlikon 20毫米炮，1座114毫米威克斯舰炮；

英国曼彻斯特级驱逐舰

4套调节设备，2台小型锅炉和2部快速蒸汽发生器。动力装置为遥控式，可在桥楼甲板室和动力中心站遥控，也可在机舱操纵。动力中心站与安全和损管监控中心相联。螺旋桨有2个，5叶，桨距可变，由电子系统控制，噪音小。舰载直升机装有"海上大鸥"反舰导弹。现有的"965"型和"1022"型对空警戒雷达将由更先进的"1030斯蒂尔"型取代。

曼彻斯特级导弹驱逐舰的性能参数如下：

排水量：4775吨（满载）；

全长：141.12米；

声纳：Type 2016型舰首声纳；

飞机：1架山猫直升机；

雷达：对空搜索：Marconi/Signaal Type 1022；

搜索：Siemens Plessey Type 996型E/F波段；

导航：Kelvin Hughes Type 1006型I波段；

火控：2 Type 909型（海标枪的火控）；

电子支援/干扰：Type 670 UAA-2截取 Type 670 mod 2干扰；

编制：300人左右。

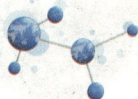

◆ 意大利大胆级驱逐舰

意大利海军大型导弹驱逐舰，首制舰1968年开工建造，1971年下水，1972年服役，本级舰共2艘。

意大利大胆级驱逐舰战术技术性能数据如下：

排水量：4554吨（满载）；

舰尺度：长136.6米，宽14.2米，吃水5.2米；

航速：33节；

续航力：4000海里（25节）；

舰员编制：30名军官，350名士兵；

动力装置：锅炉4台，功率73 000匹；

武器系统：2座127毫米高平两用炮、4座76毫米高平两用炮、1座标准防空导弹发射器、2座105干扰火箭弹发射器、6座反潜鱼雷发射管；

电子和雷达系统：SPS-52/12对空雷达、SPQ-2对海雷达、猎人座10X炮瞄雷达、SPG-51C制导雷达；

声纳系统：CWE-610A；

电站功率：5200千瓦；

飞机：2架直升机。

意大利大胆级驱逐舰

护卫舰

◆ 中国江卫级导弹护卫舰

"江卫"级导弹护卫舰是一级多用途护卫舰，武器的配置更多

江卫级导弹护卫舰

地考虑了舰只在现代海战条件下的防御能力。舰艏主炮是一门双联装100毫米火炮，这是中国海军护卫舰用标准主炮。由舰桥顶部主桅前的"黄蜂头"炮瞄雷达控制，该雷达与"江湖"级配置的型号不同的是：球形稳定罩后部的3.5米光学测距仪已取消，但仍保留了操作员进出的舱门，表明该雷达的操作并未移到舰体。

"江卫"级采用中央桥楼全封闭设计，不仅使舰只具备三防能力，而且尤其适合在炎热的南海海域作战。舰体是焊接钢，舰桥、机库、烟囱采用轻质铝合金结构。全

舰有两层全通长甲板，舰桥与两层甲板等高；主桅杆是塔式桅与桁格桅的混合结构。与过去设计的舰只相比，"江卫"级的上层建筑更小；围壁转角都采用圆角过渡；侧壁都有一定角度的内倾，表明设计者对降低雷达反射截面作了一定的考虑，但对烟囱及排烟几乎没有任何降低其红外辐射的措施。从烟囱即可确认"江卫"级采用了2台式4台柴油机组成CODAD全柴动力装置，总功率14 400马力。"江卫"级具有25节的最大航速，并且在16节巡航速度下其续航力为5000海里。显然这一指标对于中国海军有重要的战术意义，尤其是在南海。

"江卫"级护卫舰长宽比达8.2，大大低于国外现役护卫舰（一般为9~10，加拿大"哈里法克斯"级是8.1），接近美国海军最新

的"阿里·伯克"级驱逐舰。降低长宽比的设计目前已成为一种新趋势，其主要优点是提高了抗纵摇能力和艉部浮力，由此产生的抗纵摇稳性力矩可以平衡大型球鼻艏声纳的重量所施加的纵摇力矩，使艏部在风浪很大时不致埋艏过深，因而适航提高并且可以增加舰上容积以布置更多的武器。舷边采用圆弧过渡（这在中国舰艇中是首次），不仅解决了甲板的上浪积水问题，而且降低了雷达反射截面，隐身性能进一步提高。

◆ 日本护卫舰

（1）日本"石狩"级导弹护卫舰

日本"石狩"级导弹护卫舰

"石狩"级导弹护卫舰是日本海军中担负任务较多的一种导弹护卫舰。满载排水量1290吨,舰长85米,舰宽10.6米,航速25节。该级舰的火力配备先进,拥有四联装"捕鲸叉"反舰导弹发射装置2座,三联装反潜鱼雷发射装置2座,四联装"博福斯"深水炸弹发射装置1座,76毫米速射炮1座。该级舰诞生于80年代,有先进的探测、指挥、通信系统,自动化程度较高,故只编制90名舰员。

"石狩"级导弹护卫舰的战术技术数据如下:

标排:1290吨;

满排:1450吨;

舰长:85米;

舰宽:10.6米;

吃水:3.5米;

人员编制:90人;

装备:一台川崎/罗罗公司的"奥林普斯"TM3B燃汽轮机,持续功率18.4MW(24700)马力;一台三菱/曼恩公司的6DRV柴油机。持续功率3.45MW(4700)、双轴

一座奥托76毫米/62紧凑炮;一座"密集阵"2*3联68型324毫米鱼雷发射器,发射MK46 mod 5鱼雷,射程11千米;一座"博斯福"375毫米71型4/6管反潜深弹;1.6千米射程。OPS28C雷达,G/H波段(对海)QPS19B雷达,I波段(导航)2-21型雷达,I/J波段(火控)NOLQ6C电子侦察设备,OLT2电子干扰机。

(2)日本夕张级护卫舰

日本夕张级护卫舰是由石狩级导弹护卫舰发展来的,排水量有所增加。与石狩级护卫舰相比,主要是改善了居住条件,增加了燃油携带量和增装了1套"密集阵"近防武器系统。

日本夕张级护卫舰战术技术性能数据如下:

标准/满载排水量(+):1470/1690;

长×宽×吃水(米):91×10.8×3.6;

动力装置:CODOG,1台奥林普斯TM—3B燃气轮机,16790千瓦;1台6DRV柴油机,3500千瓦,

双轴；

人员编制：95人；

导弹：2座四联装"鱼叉"反舰导弹；

火炮：1座"奥托"型76毫米火炮、1座6管20毫米"密集阵"近防武器系统；

日本夕张级护卫舰

反潜武器：2座68型三联装鱼雷发射管，用于发射MK-46反潜鱼雷；1座6管375毫米火箭深弹发射炮；

雷达：1部OPS-28C对海警戒雷达、1部OPS-19导航雷达、1部火控雷达；

声纳：1部OQS-4舰壳声纳；

电子战：2座6管SRBOC箔条锈饵发射装置、NOLQ-6C电子侦察设备、OLT-3干扰机；

指挥控制：1套OYO作战指挥系统。

◆ 澳大利亚/新西兰安扎克级护卫舰

安扎克级护卫舰是澳大利亚和新西兰联合建造的新型护卫舰，计划建造10艘（澳8艘，新2艘）首舰1996年服役。

安扎克级护卫舰以德国的MEKO 200为模型，对澳大利亚海军来说具有里程碑性质，并有很大的改装余地。

安扎克级护卫舰的战术技术数据如下：

排水量：3600吨（满载）；

全长：118米；

全宽：14.4米；

吃水：4.4米；

主机：双轴：2座巡航柴油机，

安扎克级护卫舰

8840制动马力；1座LM2500推进燃气轮机，30000轴马力；

最大航速：27节；

续航：6000海里/18节；

武备：捕鲸叉反舰导弹、8单元MK41垂直发射系统发射海麻雀舰空导弹、2座3联装324毫米鱼雷发射管发射MK46鱼雷、1座127毫米MK 45舰炮；

声纳：Spherion-B舰壳声纳等；

雷达：（对空搜索）SPS-49（V）2D（对空/对海）9LV 453TIR雷达；

导航：STN Atlas Electronik 9600 ARPA；

火控：雷西昂CW MK-73等；

作战数据系统：9LV 453MK-3作战处理系统、11数据链、超高频卫星通讯；

飞机：1架SH-2G超海精灵直升机；

编制：163人。

◆ 西班牙F100级护卫舰

F100级护卫舰由西班牙巴赞造

F100级护卫舰

船厂建造，首舰在2002年服役，它是除日本金刚级护卫舰外另一型装备AN/SPY-1D宙斯盾作战系统的舰只，这使它的防空能力成倍提高。总之，F100级是一款极为先进现代的杰作。

F100级护卫舰的战术技术数据如下：

排水量：5760吨（满载）；

全长：146.7米；

全宽：17.5米；

吃水：约6米；

主机：CODOG（柴油发动机与燃气轮机复合动力系统）；2座GE公司LM2500燃气轮机；2座Bazan-Bravo-12柴油机，双轴；

最大航速：28.5节；

续航：4500海里/18节；

武备：2座4联装捕鲸叉反舰导弹，MK41垂直发射系统发射标准SM-2MR舰空导弹、海麻雀防空导弹，2座2联装324毫米鱼雷发射管可发射MK46鱼雷，1座76毫米炮，1座梅罗卡20毫米近防炮；

声纳：DE1160低频搜索舰壳声纳，SQR-19A拖弋阵列；

雷达：（对空搜索）TRS，3-D，（对空/对海）洛克希德·马丁公司的SPY-1D多功能相控阵雷达；

导航：NAVSSI/WSN-7 导航系统；

火控：DORNA雷达/光电火控系统控制76毫米主炮、2座MK 99/SPG 62 导弹控制等；

作战数据系统：宙斯盾系统；

电子干扰：4座MK 36 SRBOC干扰发射器，阴极SLQ-25型拖弋鱼雷诱骗；

电子对抗：MK 9000；

飞机：1架SH-60B Block I/II 直升机。

F100级护卫舰

第四章

陆地武器

一般来说，装甲车是陆地武器中最主要的武器，是装有武器和拥有防护装甲的一种军用车辆。装甲车按行走机构可分为履带式装甲车和轮式装甲车。装甲车是坦克、步兵战车、装甲人员输送车、装甲侦察车、装甲工程保障车辆及各种带装甲的自行武器的统称。从历史上看，中国早在夏代就有了从狩猎用的田车演变而来的马拉战车，明朝戚继光等人发明的战车更是进一步将火器搬到了运载工具上，初步实现了防护、火力、机动三位一体，是历史上最接近坦克概念的武器，可以说是坦克的鼻祖。

第一次世界大战后，随着坦克的诞生，火力、防护性、越野性都比较弱的装甲汽车失去了在战场上为步兵提供火力支援的地位，于是它转向其它用途发展。一是发展为装甲输送车，为步兵和作战物资提供装甲保护；二是利用它轻便灵活的特点，发展为某些特殊用途的轻型装甲车辆，如装甲指挥车，装甲侦察车；三是用于镇压城市群众暴动和对付缺乏反装甲火器的游击队。装甲输送车是设有乘载室的轻型装甲车辆，主要用于战场上输送步兵，也可输送物资器材。装甲输送车一般只安装有机枪，火力较弱。火炮自问世以来，经过长期的发展，逐渐形成了多种具有不同特点和不同用途的火炮体系，成为战争中火力作战的重要手段，大量地装备了世界各国陆、海、空三军。本章将通过大量图片历数各类精良的陆地武器，以期读者对陆地武器有一个全面的了解。

装甲车

◆ 中国装甲车

（1）中国77-1式水陆装甲输送车

77-1式水陆装甲输送车于1965年4月由中国北方工业（集团）总公司研制，中国北方工业（集团）总公司生产。该车研制当年制成2辆样车，并经过试验和改进后投入小批试生产。1977年11月经审查定型，命名为77-1式水陆装甲输送车。

77-1式水陆装甲输送车是装甲部队中水陆坦克的战术配套车辆，也可装备炮兵部队，用于水网稻田地区驮载地面火炮克服水障碍以执行各种战斗任务。该车以63式水陆坦克底盘为基础，去掉水陆坦克炮塔，将原车战斗舱的装甲板加高，作为运载车厢。主要改进有：车首

77-1式装甲车

上甲板设有驾驶员窗口，车长窗口及高射机枪；车尾部设置供装卸火炮用的可折叠的尾跳板，中跳板和火炮牵引钩；运载舱的顶盖装甲为固定密封式，火炮可驮载于下凹的顶盖上，在顶部开有供步兵、物资

器材、弹药进出的窗口3个，运载舱还开有侧门，进气风扇设有防水进气罩；驮载火炮的半刚性固定装置；增加拉炮上车的由蜗轮蜗杆传动的电动牵引绞盘，及其可移动的电缆式手控操纵盒；运载舱两侧各设置2个射孔，其上方开有观察孔，在前围和后围甲板上，左右各增设1个通风口，通风观察条件良好；驾驶员和车长坐椅为上下可调式，运载舱内的乘员座位，中间2个可向上折叠，并可拆卸，两侧的为固定式；对输送人员、载炮和物资作了合理安排，可以同时驮炮、载人，互不影响。

该车与63式水陆坦克具有相同的机动性，又可乘载步兵、运载和短距离牵引火炮、输送物资、器材、弹药、油料。乘载步兵可从车的前后两侧，踏翼子板，分4路上下车。搭载20名步兵上下车时间不超过80秒。完成装载火炮上下车的时间不超过13分钟。动力、传动、行动、操纵、水上推进等主要部件均与63式水陆坦克相同。

（2）中国90式履带装甲车

90式履带装甲车

中国90式履带装甲人员输送车采用最新技术研制的一族履带式装甲车中的一种，该车族还包括90式步兵战车、90式装甲指挥车、90式救护车、90式120毫米自行迫击炮车、90式82毫米迫击炮车、90式火器发射车、90式反坦克导弹发射车、90式装甲抢救车和90式D30 122毫米自行榴弹炮车。

90式装甲输送车是我国自行研制的新型装甲输送车，与国外较为优秀的履带式装甲输送车（如美制M113A3，1987年投产）相比，90式载员多、速度快、行程远、机动性能优异，同时其装甲防护力和火力也不逊于对手，因此可从说其整体性能已达到世界先进水平。

90式装甲输送车由匀质钢装甲板焊接而成，侧面形状低矮，易于隐蔽。正面为尖锐的楔形，具有良好的防弹性能。其动力装置位于车体右前侧，完全由装甲覆盖，动力装置与车体内部其他部分之间由隔音阻热的隔板相隔离。90式装甲车采用一台200千瓦KHD气冷柴油机，该发动机体积小、动力大、燃油消耗量少、噪音低、使用寿命长，能够适应沙漠、高原地带以及高温严寒等极度恶劣的自然环境。在齿轮箱上还安装配备了离合器锁定器的液压转换装置，这大大提高了90式车辆的牵引能力。

中国90式履带装甲车主要战术技术性能数据如下：

战斗全重：14.4吨；

乘员+载员：2+13；

单位功率：25马力/吨；

车长：6.744米；

车宽：3.148米；

车高：1.7米；

最大速度：65千米/小时（公路）；7千米/小时（水上）；

最大上坡度：32°；

最大侧倾坡：25°；

最大公路行程：500千米；

越垂直墙高：0.7米；

越壕宽：2.2米；

发动机：BF8L413FC增压、中冷、8缸、风冷柴油机；

功率：360马力；

负重轮对数：5；

车载武器：12.7毫米机枪；

射击孔：7个。

（3）中国WZ501步兵战车

中国WZ501式步兵战车是中国

中国WZ501步兵战车

研制的第一代履带式步兵战车，1986年设计定型，1992年开始批量生产，主要用于协同坦克作战，也可独立遂行作战任务，该战车的研制成功，有效地提高了我军装甲机械化部队的作战效能，也为中国步兵战车的发展奠定了基础。

501步兵战车是"小、轻、灵"车型，战斗全重13.2吨，乘员3人，载员8人，主要武器为一门73毫米低压滑膛炮和红箭-73反坦克导弹武

器系统。它具有较强的机动能力，最大公路速度可达70千米/小时，水上最大速度为7.2千米/小时。其装甲防护能力比较弱，但通过车体流线型及大倾角设计，使装甲防护能力有所提高。

501步兵战车火力系统包括一门73毫米低压滑膛炮、一具红箭-73反坦克导弹发射架和一挺7.62毫米并列机枪及步兵班武器，另外车上还配有一枚红缨-5号单兵肩射式防空导弹，73毫米低压滑膛炮配有火箭增程破甲弹和钢珠榴弹各20发，采用自动装填，射速7~8发/分，破甲弹直射距离780米，有效射程1300米；榴弹最大射程2900毫米，红箭-73反坦克导弹为有线制导，可在车内装填和发射，射程为500~3000米，导弹基数4枚。

501步兵战车陆上0~32千米/小时的加速时间10秒。该车水上行驶时，靠履带划水驱动，由于履带板、叶子板设计合理并装有导水隔

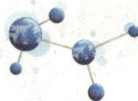

栅，最大水上行驶速度达7.2千米/小时。501步兵战车采用液、气、机械联合操纵系统，转向操纵采用方向盘式，因而分离主离合器、换挡、转向等都很轻便，大大降低了驾驶员的劳动强度，同时保证了操纵系统安全可靠。在行驶过程中油路出现故障时，气路可通过电磁阀立即进入工作状态，避免车辆失控。当油、气路都发生故障时，可用机械操纵车辆。

501步兵战车为轻型装甲车辆，其设计思想是突出火力和机动性，因此在一定程度上牺牲了装甲防护。为了弥补这一缺陷，该车在车体结构上，不同部位按不同角度和厚度设计，车首倾斜装甲的倾斜角较大，动力舱盖板为带7条横筋的铝合金甲板。整个车体共用77块装甲板组焊而成。

501步兵战车具有可靠的毒剂和r射线警报器、自动关闭机和滤毒通风装置等三防系统。同时车上设有热烟幕装置、灭火系统。这些装置的采用提高了该车的生存力。

由于在该车的研制过程中，精

中国WZ501步兵战车

心选择和设计了主要部件，严格地控制所有部件和机构的重量，合理分配车内空间和装甲防护的关系，采用了合理的工艺手段，使得501步兵战车不仅车重较轻（战斗全重13.3吨）、火力较猛、功能较全，而且具有一定的防护能力和21.2%的浮力储备。

其主要优点是：

①结构紧凑，操纵灵活、轻便，具有较好的越野机动性和使用保养方便性。

②较好的流线外形，一定的装甲防护能力、合理的武器配备和较好的三防设施，在战场上具有较强的生存力。

③适应性强，可在寒区、湿热地区、山区、高原和沙漠地区使用。

④全车总体布置合理，行进间噪音较低，车内通风良好，乘载人员具有较好的乘坐环境。

⑤该车以炮塔为中心，各种武器对车外不同方位的目标可构成强大的环形火力，其载员具有车上、车下作战能力。

但与同类武器相比，该车尚有火炮直射距离较近、俯仰角较小、防空火力不强以及装甲防护能力较低等弱点，需在今后的研制中进一步改进和提高。

◆ 美国龙骑兵300轮式装甲车

美国龙骑兵300轮式装甲车由底特律弗纳公司根据1976年美国陆军军事警察对车辆提出的能用C-130运输机空运、并适用于护送和空军基地防卫任务的要求设计的，制造了2辆样车，于1978年首次公开。

美国龙骑兵300轮式装甲车结构特点：该车车体采用全焊接无大梁结构，所用XAR-30高硬度钢装甲板，可满足MIL-A-12560标准的要求，防小口径普通枪弹和穿甲弹的能力比该标准对均质钢装甲板的要求高30%左右。此外，XAR-30钢板的最低穿透速度也超过了MIL46100B标准的规定。

300轮式装甲车的驾驶员位于车前左侧，车长兼副驾驶员位于右侧，前者有3个前视观察镜，视界为180°，后者

龙骑兵300轮式装甲车

有1个观察镜，两乘员均有外开单扇顶盖和车侧观察镜，车长观察镜下方有射孔。乘员座椅可上下前后调节，靠背可向前合，以方便乘员出入。车体两侧在前、后轴之间各开1侧门，门下部向下打开，可作为乘员出入跳板，而上部则向后旋转180°打开，并可闭锁于打开状态，上部门上有1个观察镜和射孔。侧门前方有1个观察镜和射孔。所有观察镜均装有防护板和护垫，射孔防护盖可从车内快速地用开闭凸轮杆操纵并锁住。用作装甲人员输送车时，车上除2名乘员外还可搭载11名全副武装的士兵。

300轮式装甲车的动力舱位于车体右后方，它和乘员舱间的可拆卸隔板可起隔热和隔声作用。可从车内和车外对动力舱进行快速检修。进气百叶窗装在车顶部，出气百叶窗和排气出口位于车体右侧，其结构可防止如汽油弹等形成的可燃液体的侵入。动力舱后部右侧装有发动机和传动装置的冷却系统，配有液力驱动风扇。

300轮式装甲车的发动机动力经变速箱、传动箱和后驱动轴传到后部差速器，然后再由中间驱动轴传递到车体中央的分离离合器。由此通过前驱动轴再传递到前差速器和前桥。所有传动系部件都是封闭的，变矩器只在3个低速前进档工作，在第四、第五前进档、变矩器闭锁，直接驱动。

坦　克

◆ 中国98式主战坦克

98式坦克的设计借鉴了t-72坦克的许多设计理念，所以从整体

中国98式主战坦克

看，98式坦克就象t-72的放大版。98式坦克的底盘较t-72长出近1米，其路轮分布也较后者稀疏。与以往我国陆军的坦克相比，98式坦克的最大的变化体现在其炮塔方面，一改传统的卵形铸造炮塔，全面采用焊接结构，其正面与m1系列坦克有许多相似之处。

从整体布局上看，98式坦克仍采用传统布局模式，驾驶室前置，战斗室居中，动力室后置。车体采用装甲钢板焊接结构，由首部、侧部、尾部、底部以及风扇隔板、动力舱隔板合动力舱顶盖组成，车首上装甲板焊接有一对带弹性卡锁的牵引钩、两个前灯防护支架。车体翼子板上固定有外燃油箱、燃油供给管路、备品、工具附件箱以及外机油箱，车体尾部支架上固定有两个备用油桶。

98式主战坦克主要技术数据如下：

重量：48吨；

尺寸：长 10米（炮口向前），车长7.6米，宽 3.5米，高 2.37米；

动力：涡轮增压中冷式柴油机1200马力；

最高速度：70千米/小时；

最大行程：600千米；

乘员：3名；

武器：125毫米滑膛炮×1（可发射炮射导弹）备弹40；

12.7毫米高射机枪×1 备弹500；

7.62毫米机枪×1备弹2500；

统，国产瞄导合一的大闭环式火控系统。

防护能力：炮塔正面的防护达700毫米，车体防护约500～600毫米厚的均质钢装甲；可挂装复合反应装甲板或屏蔽装甲；装有JD-3红外干扰机，可以干扰红外制导导弹；高效自动灭火/抑爆装置。

坦克的动力系统：采用了883千瓦（1200马力）的涡轮增压中冷式

中国98式主战坦克

烟雾弹/榴弹发射器2×5；

激光眩目压制干扰系统。

火控系统：猎一歼式火控系

大功率柴油机，最大公路时速达70千米/小时，0~32千米加速时间为12秒。

98式主战坦克（正式定型时被命名为99式）是我国第三代主战坦克，综合性能已达到世界先进水平。该坦克20世纪80年代研发，因种种原因试车几经延迟，直到1999年10月1日阅兵式上才正式公开。由于成本因素，估计该坦克不会大量装备我军。

◆ 俄罗斯坦克

（1）T-80主战坦克

T-80U是前苏联80年代后期在T-80B（标准量产型）的基础上的改进型号。与它的基型车T-80B相比，T-80U坦克更新武器系统、配备新装甲、换装新式燃气涡轮引擎和射控系统，成为俄制坦克中夜战能力较强的车种。

苏联T-80主战坦克是以T-64主战坦克为基础发展而来的，80年代初期开始生产，到1987年中期为止约有2200辆装备部队。

20世纪60年代末，苏联人就在T-64的基础上开始了T-80主战坦克的的研制。1968年立项，于1976年定型并装备部队。该坦克由多种改型，简述如下：

①T-80，1976至1978年生产。

②T-80B，1978年开始生产，

T-80主战坦克

采用了"眼镜蛇"炮射导弹系统，火控系统中也有了带激光测距仪的瞄准装置，发动机为GTD-1000燃汽轮机，1100马力。

③T-80y，80年代中期生产，发动机有所改进，功率增加到1250马力，还加挂了爆炸式反应装甲。这是T-80最主要的车型。

④T-80yD，T-80yD是改装柴油机的型号，原意是防止燃汽轮机的方案失败。最新型的出口型T-80还加装了"窗帘"主动防护系统。

（2）T-85II主战坦克

T-85II型主战坦克是在T-80的基础上改进的。主要改进有：战斗重量增加到39吨；炮塔由浇铸改成焊接设计，也利用复合装甲；更新了弹道计算机和侧风传感器等等。

T-85II主战坦克的战术技术数据如下：

战斗重量：39吨；

乘员：4人；

单位功率（发动机输出功率与战斗重量之比）：14.3千瓦/吨；

最大速度：65千米/小时；

外型：长（到炮管前端）9.328米；宽3.372米；高2.29米；

武备：1x105毫米坦克炮；1x12.7毫米防空机枪；2x7.62毫米机枪。

（3）"黑鹰"主战坦克

俄罗斯第四代主战坦克，1997年6月首次公开亮相。该型坦克是世界上第一种隐型坦克，炮塔采用隐身设计，其外部轮廓棱线非常平滑，车身涂有吸波、吸热的隐身涂料。车长6.86米，宽3.59米，高1.82

米，战斗全重50吨，乘员3人。配备口径为135～140毫米的新型大口径火炮，最大公路行程540千米，单位功率30马力/吨。

"黑鹰"主战坦克仍继承了T系列坦克传统的总体布置方式，车体从前至后分别为驾驶舱、战斗室和动力舱，乘员3人。车体为全焊接钢装甲结构，驾驶员位于车体前部中央，有1扇向右打开的滑动式舱盖。舱盖上装有3具潜望镜，需要时，中间的1具可换成微光或红外潜望镜。"黑鹰"主战坦克采用与西方第三代主战坦克相似的尾舱式大倾角炮塔，车长和炮长的位置分左右布置。车长指挥塔舱门向前开启，顶部安置了3具后视潜望镜，指挥塔四周安装有5具潜望镜，正前方安装了1具热像仪。炮长舱门也向前开启，舱门正前方也有1具热像仪，右侧安装1挺12.7毫米的高射机枪。在炮塔的后部左右两侧各有一组4具烟幕弹发射器。

"黑鹰"有1个主油箱和5个外组油箱，主油箱位于车体内，外

"黑鹰"主战坦克

鹰"坦克的标准改装T-64/72/80坦克，改装1辆坦克的费用只有"黑鹰"坦克售价的几分之一，这对于拥有众多T系列坦克的国家来说，无疑是一个天大的喜讯。同样，这对于囊中羞涩且极需战力提升的俄军装甲部队来说也具有极大的诱惑力。

组油箱位于履带上方。当长途行军时，车体尾部可加装2个容量分别为300升的鼓形副油箱。使用主油箱和外组油箱时，最大行程为400千米。使用副油箱时，最大行程可达到500千米。而且所有的油箱都用1个加油口加油，坦克一次加满所有油箱仅需15分钟。

"黑鹰"坦克有着很强的涉水能力。因进气口在炮塔后面距地面很高，所以在无准备的情况下，"黑鹰"涉水深可达1.8米，在有准备的情况下，潜水深可达5米，并且潜渡的距离不受限制。

俄国公司还可以按照"黑

◆ 台湾"猛虎"M48H主战坦克

中国台湾陆军现装备的坦克包括300辆90毫米火炮的M48坦克、325辆M24型霞飞轻型坦克和约800辆M41轻型坦克。猛虎M48H主战坦克是由台湾装甲战车研究中心中美国通用动力公司地面系统分部的协助下研制成功的。

台湾"猛虎"M48H主战坦克以国外主战坦克作为参考样车，充分考虑本地区地理、气候和桥梁等条件，采用现成的技术和零部件而设计的，每辆坦克的成本大约需要300

万美元。

台湾"猛虎"M48H主战坦克采用美国的制式M60A3底盘和改进型M48炮塔，动力装置选用泰莱达因·大陆汽车公司的551千瓦（750马力）AVDS-1790-2C柴油机和底特律柴油机公司阿里逊分部的CD-850型传动装置。该坦克采用了M48A3坦克上曾使用的扭杆式悬挂装置。

台湾"猛虎"M48H主战坦克的火控系统为指挥仪式，双向稳定式瞄准具上带有1个与美国M1坦克上相同的热成像通道。该坦克安装的火炮是台湾生产的M68式105毫米坦克炮，火炮随动于稳定的瞄准具。坦克上还安装了美国乌尔旦工业公司的低矮外型指挥塔。美国的德克萨斯仪器公司和圣巴巴拉研究中心也向M48H坦克提供零部件。

◆ 韩国K1A1主战坦克

韩国现代公司开发出了K1系列战车，包括K1A1120毫米主战

台湾"猛虎"M48H主战坦克

坦克，K1105毫米主战坦克K1装甲车（ARV），K1装甲桥梁装配车（AVLB）等。最初的两辆K1A1原型坦克于1997年完成操作测试，K1A1坦克也即将进入韩国陆军现役。

K1坦克作为韩国本土研发的坦克从1986年开始就在韩国陆军中服役了。最初的设计模板是美国的M1坦克。根据韩国的地形，如多山地、丛林、谷地和沼泽等，K1坦克着重优化了坦克的灵活性。

K1坦克的主炮是105毫米高速率加农炮并有1挺7.62毫米的同轴机枪。车长室配备了一挺12.7毫米的机枪，装填手则配备了一挺7.62毫米的机枪。炮塔的回转速度是1.9

韩国K1A1主战坦克

厘米/秒，升起和下降的速率是1.0厘米/秒。

车长的全景视域仪有三种操作模式：主要武器联合模式、独立跟踪模式和炮手操作模式。车长可以根据情况选择是让炮手处理目标还是自己取得主炮的处理权，根据视域仪的显示发射炮弹。K1坦克移动中打击移动目标的首发命中率据说达到了90%，还是挺惊人的。

1996年初，第一辆 K1A1主战坦克样车问世，从同年4月开始对其进行为期一年的研制试验和使用试验。

K1坦克装备充气涡轮1200马力柴油发动机，单位功率（功率/重量）为23.5马力/吨。K1坦克拥有最大的公路行驶速度为65千米/小时。很小的地面压力（0.87千克/厘米）使它可以在湿地和沙地等环境下灵活的操纵行驶。

K1坦克拥有液压悬浮系统和转矩弹簧，悬浮系统可以使坦克有更好的高度控制和"下跪"能力，所

谓"下跪"能力就是坦克主炮能向下射击，K1坦克最大能向水平线下10度射击。

◆ 印度"阿琼"式主战坦克

1972年，印度陆军提出用新型主战坦克替换正在生产中的胜利式坦克的要求，同年8月，印度战车研究院即开始研究新型主战坦克方案。

1973年5月中旬，印度国防部长拉姆斯沃默·文卡塔拉曼在印度议会上说，印度自行研制一种称为印度豹的新型主战坦克。该坦克起初叫MBT-80坦克，最后定名为阿琼式主战坦克。

印度"阿琼"式主战坦克总体布置采用常规方案，样车以均质装甲板制成，生产型坦克采用印度国防冶金实验室研制的坎钱式复合装甲。

印度"阿琼"式主战坦克的主要武器是1门120厘米线膛坦克炮，配用由印度火炸药研究院研制的尾翼稳定脱壳穿甲弹、榴弹、破甲弹、碎甲弹和发烟弹。因为这些炮弹用该院研制的新型高能发射药发

印度"阿琼"式主战坦克

射，所以弹丸初速较高，穿甲弹的穿甲性能较好。

为使其主战坦克赶上世界先进水平，1974年3月，印度开始研制阿琼主战坦克。

印度"阿琼"式主战坦克战术技术数据如下：

战斗重量：52吨；

乘员：4人；

单位功率：27马力/吨；

单位压力：0.78千克/平方厘米；

最大速度：70千米/小时；

爬坡度：60度；

武备：120毫米线膛坦克炮；7.62毫米并列机枪和12.7毫米高射机枪各1挺；

◆ 美国坦克

（1）美国黄貂鱼轻型坦克

黄貂鱼轻型坦克是美国卡迪莱

美国黄貂鱼轻型坦克

克·盖奇公司于1983年开始研制的外贸用坦克。1986年后出口到泰国，装备泰国陆军。该车采用通用汽车公司的V－8 92TA型涡轮增压柴油机、带液力变矩器的自动变速箱、扭杆式悬挂装置。火控系统由弹道计算机、三合一瞄准镜及各种传感器组成。车体和炮塔为全焊接结

构，必要时可挂装附加装甲。车上有三防装置，车辆外表涂有防沾染涂层。战斗全重19吨，乘员4人，车长（炮向前）9.35米，车宽2.71米，车高（至炮塔顶）2.4米。

（2）美国M1A1主战坦克

M1A1坦克的全称为M1A1艾布拉姆斯坦克，属于战后的第三代主战坦克，1985年开始在美军服役。

美国M1A1主战坦克全重57吨，乘员4人，最大速度每小时66.8千米，最大行程465千米。

美国M1A1主战坦克火

美国M1A1主战坦克

炮采用120毫米滑膛炮，可发射以贫铀合金为弹芯的穿甲弹和空心装药破甲弹。M1A1有较强的防护能力，车体正面采用贫铀装甲，车内装有防核、生、化武器的"三防"系统，并配备了数字式弹道计算机、激光测距仪和红外夜视仪等，可在夜间作战，在运动中命中目标。

海湾战争中，美国陆军一线部队装备有600辆M1A1主战坦克。美军装备的M1A1主战坦克在幼发拉底河畔与伊军共和国卫队装备的T-27坦克展开激战，使敌军遭到重创。

火 炮

◆ 美国火炮

（1）M109A6"帕拉丁"155毫米自行榴弹炮

M109A6"帕拉丁"自行火炮装备一门39倍口径的M284型155毫米加农炮，安装在一座M182型炮架上。使用普通弹药时，该炮射程24千米，使用增程弹时射程为30千米。该炮采用一套全程液压自动装弹系统，也可选装一套半自动装弹系统。M109A6自行火炮的最大射速为每分钟8发，或每15秒3发，持续射速为每3分钟1发。该炮使用带弹道计算机的自动火控系统，同时还拥有一套备用光学控系统。该车的惯性定位及导航系统已经完全集成在自动火控系统中，从而使整个火炮系统具备更高的灵活性和更强的作战能力。此外，在炮塔的右侧还安装了一挺M2型12.7毫米重机枪。

M109A6"帕拉丁"为155毫米自行火炮系统，由美国联合防御LP公司地面系统分部开发，并由宾西法尼亚州钱伯斯堡的帕拉丁生产运营中心制造。帕拉丁火炮于1994年第一次装备部队，现已在美国陆军

M109A6 "帕拉丁" 155毫米自行榴弹炮

650安培、24伏的直流电。

乘员在执行任务的全过程中都留在车内。车上的核、生、化战争防护系统可向每位乘员提供独立的保护，并通过独立乘员防护系统输送冷热空气来调乘员舱室温度。炮塔内还安装有凯夫拉弹片抑制衬层，可有效提高炮塔的防护能力。

帕拉丁自行火炮装备有一套保密语音及数字通讯系统，其中包括VIC-1内部通话器、VRC-89或SINCGARS单频道地面和空中无线电子系统。

（2）"十字军战士" 155毫米自行榴弹炮系统

"十字军战士" 155毫米自行榴弹炮系统是美国联合防务公司研制的面向21世纪的美国陆军地面火力支援武器，也是世界上杀伤力最强、战术机动性最强的火炮。1987至1998年开始进行部件研制和样车试制，2000年1月研制出样车，2005至2008年开始批量生产并装备美国陆军，美陆军采购824套。该系统由

和以色列陆军中服役，并被科威特国防部选定为装备科威特军队的武器。1999年6月，美国陆军接收了其订购的950辆帕拉丁自行火炮中的最后一辆。在2000年7月，美国国防部又为美国陆军国民警卫队订购了7套该型火炮系统。

M109A6 "帕拉丁" 自行火炮由一台底特律柴油机公司制造的DDEC8V71T双循环柴油机驱动，输出功率为440马力。该车的传动装置为艾利逊公司制造的ATD-XTG-411-4变速箱，一共有4级前进档和2级倒档。悬挂系统主要为高强度扭杆和高能减振器。该自行火炮的公路行程为342千米，最大速度为64千米。帕拉丁的电源系统为

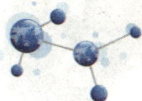

XM2001 155毫米自行榴弹炮和XM2002供弹车组成，采用相同的底盘。

该自行榴弹炮采用56倍口径身管155毫米火炮，最大射速10~12发/分，发射榴弹时射程为40千米，发射增程弹时最大射程为50千米。战斗全重55吨，单位功率27马力/吨，最大公路行驶速度67千米/小时，越野速度48千米/小时。供弹车可自动向自行榴弹炮的弹舱补充弹药，不需要人力，补充一个弹药基数48发仅需10分钟。自行榴弹炮和补给车通过战术火力控制系统联为一体。炮和车采用最新的车载式网络化信息处理技术，具备自动化火力控制与指挥控制能力。

◆ 中国火炮

（1）中国WM-80式273毫米火箭炮

"十字军战士" 155毫米自行榴弹炮系统

WM-80式273毫米8联火箭炮是在83式273毫米4联火箭炮的基础上研制的。

该炮采用TA80型越野车为底盘；其定向系统采用运输箱结构，两个发射运输箱平行装在托架上，通过气动机构和压紧钩、压块等自

中国WM-80式273毫米火箭炮

动找正固定为一体，每个发射运输箱是由4个滑轨式上下定向器、桁架和缓冲器组成，从重新装填到第二次齐射仅需5~8分钟；可在车内的操纵控制台上半自动操瞄火箭炮，并备有车外发射装置。

　　该炮配用83式273毫米杀伤爆破火箭弹的改进弹，火箭弹采用低速旋转尾翼式结构。

　　WM-80式火箭炮的主要性能数据如下：

　　口径：273毫米；

　　战斗状态全重：34 000千克；

车体长：9550毫米；

车体宽：3060毫米；

车体高：3300毫米；

最大公路速度：70千米/小时；

全弹重：505千克；

战斗部重：150千克；

最大飞行速度：1140米/秒；

最大射程：80 000米；

最小射程：34 000米；

高低射界：0度~60度；

方向射界：左右各20度；

炮班人数：5人。

　　（2）中国81式122毫米40管火

箭炮

81式122毫米40管火箭炮是仿制前苏联BM-21火箭炮的产品，1982年设计定型，是目前我军的主力火箭炮。

整个火箭炮以座圈为基础安装在SX250越野车底盘上；发火装置以汽车的蓄电池为电源，它与时间继电器组成的发火系统可实现车内连发或单发，该火箭炮还有车外发射

中国81式122毫米40管火箭炮

该炮的定向器为2.2毫米厚的薄壁管，并带有螺旋导向槽，40根定向管通过前后方形支座用纵、横拉紧带集合成束；采用箱形万能支承回转盘；电动高低机和方向机安装在回转机低座箱体内，采用电传动为主，手摇动为辅的传动系统；

装置。

该炮配用的81式122毫米杀爆榴弹是低旋尾翼式火箭弹，它是靠弹尾的4片弧形翼片来实现稳定的。

81式40管火箭炮的性能参数如下：

口径：122毫米；

战斗状态全重：15 532千克；

车体长：7120毫米；

车体宽：2500毫米；

车体高：3082毫米；

最大速度：70千米/小时；

最大射程：20 580米；

高低射界：0度-55度；

方向射界：左102度右70度；

炮班人数：6~7人。

（3）中国83式273毫米火箭炮

中国83式273毫米火箭炮

越野速度：20千米/小时；

最大行程：600千米；

定向器长：3000毫米；

初速：50.7米/秒；

最大飞行速度：692米/秒；

83式273毫米4联火箭炮于1983年定型并投入小批量生产，供部队试用，1988年后停产。

该炮采用60-1式中型履带牵引车为底盘；发射架为箱式桁架结

构，在定向器床上下装有起导向作用的滑轨，它是由钢板冲压后组焊而成，定向器四周用薄钢板封闭，在定向器床上还装压弹器和挡弹器，在发射时可气动操纵自动解脱；双复式螺杆高低机支撑着俯仰部分的前半部，它与弹簧式的平衡机合为一体，改变射角可用电动操作，微调要用手动。

该炮配用83式273毫米杀伤爆破火箭弹，火箭弹装有旋转发动机、主发动机和滚珠式活动直尾翼。

83式火箭炮的主要性能参数如下：

口径：273毫米；

行军状态全重：17 541千克；

战斗状态全重：15 134千克；

车体长：6190毫米；

车体宽：2600毫米；

车体高：3180毫米；

最大公路速度：45千米/小时；

越野速度：30~35千米/小时；

最大行程：400千米；

定向器长：4715毫米；

全弹重：484千克；

战斗部重：134千克；

弹长：4520毫米；

初速：39米/秒；

最大飞行速度：810.9米/秒；

最大射程：40 000米；

最小射程：23 000米；

高低射界：5.5度~56度；

方向射界：左右各10度；

炮班人数：5人。

（4）中国90式122毫米40管火箭炮

中国90式122毫米40管火箭炮是81式122毫米40管火箭炮的改进型。

中国90式122毫米40管火箭炮采用XC2030越野车为底盘，在40管定向器前方装有1具40发火箭弹自动装弹机，可在3分钟内完成装填；车上还装有一组折展式车蓬，行军时可展开，掩盖火箭炮。

该炮还发展了改进型90A式122毫米40管火箭炮，主要配备了成套系统，使用自动操纵、瞄准和装填系统，有多种火箭弹可供使用，最大射程达40千米。

90式122毫米40管火箭炮的性能

中国90式122毫米40管火箭炮

参数如下：

发射管：40管；

口径：122毫米；

战斗全重：20吨；

载弹：40+40发；

公路最大速度：85千米/小时；

最大行程：600千米；

载车：6×6"铁马"XC2200卡车底盘；

发动机：300马力风冷柴油机；

最大射程：40千米；

弹种：高爆、钢珠、燃烧、子母火箭弹、火箭弹。

第五章

寻弹武器

　　导弹的起源与火药和火箭的发明有密切相关。火药与火箭是由中国发明的。南宋时期，火箭技术开始用于军事，出现了最早的军用火箭。约在13世纪，中国火箭技术传入阿拉伯地区及欧洲国家，直到1926年，美国才第一次发射了一枚无控液体火箭。20世纪30年代，由于电子、高温材料及火箭推进剂技术的发展，为火箭武器注入了新的活力。20世纪30年代末，德国开始火箭、导弹技术的研究，并建立了较大规模的生产基地，1939年发射了A-1、A-2、A-3导弹，并很快将研制这种小型导弹的经验应用到V-1导弹和V-2导弹上。 1944年 6~9月德国向伦敦发射了V-1、V-2导弹。第二次世界大战后期，德国还研制了"莱茵女儿"等几种地空导弹，以及X-7反坦克导弹和X-4有线制导空空导弹，但均未投入作战使用。

　　第二次世界大战后到50年代初，导弹处于早期发展阶段。各国从德国的V-1、V-2导弹在第二次世界大战的作战使用中，意识到导弹对未来战争的作用。自50年代初起，导弹得到了大规模的发展，出现了一大批中远程液体弹道导弹及多种战术导弹，并相继装备了部队。1953年美国在朝鲜战场曾使用过电视遥控导弹。但这时期的导弹命中精度低、结构质量大、可靠性差、造价昂贵。

　　20世纪60年代初到70年代中期，由于科学技术的进步和现代战争的需要，导弹进入了改进性能、提高质量的全面发展时期。战略弹道导弹采用了较高精度的惯性器件 ，使用了可贮存的自燃液体推进剂和固体推进剂，采用地下井发射和潜艇发射，发展了集束式多弹头和分导式多弹头，大大提高了导弹的性能。巡航导弹采用了惯性制导、

惯性–地形匹配制导和电视制导及红外制导等末制导技术，采用效率高的涡轮风扇喷气发动机和比威力高的小型核弹头，大大提高了巡航导弹的作战能力。战术导弹采用了无线电制导、红外制导、激光制导和惯性制导，发射方式也发展为车载、机载、舰载等多种，提高了导弹的命中精度、生存能力、机动能力、低空作战性能和抗干扰能力。

　　20世纪70年代中期以来，导弹进入了全面更新阶段。为提高战略导弹的生存能力，一些国家着手研究小型单弹头陆基机动战略导弹和大型多弹头铁路机动战略导弹，增大潜地导弹的射程，加强战略巡航导弹的研制。发展应用"高级惯性参考球"制导系统，进一步提高导弹的命中精度，研制机动式多弹头。以陆基洲际弹道导弹为例，从1957年8月21日苏联发射了世界第一枚SS-6洲际弹道导弹以来，世界上一些大国共研制了20多种型号的陆基洲际弹道导弹。30多年来经历了3个发展阶段。在此期间，战术导弹的发展出现了大范围更新换代的新局面。其中几种以攻击活动目标为主的导弹，如反舰导弹、反坦克导弹和反飞机导弹，发展更为迅速，约占70年代以来装备和研制的各类战术导弹的80%以上。本章将为大家展示空空导弹、地空导弹、地地导弹、反坦克导弹这四大类导弹，以期共绘于读者。

空空导弹

◆ 英国ASRAAM近距程格斗导弹

英国ASRAAM近距程格斗导弹

弹可接在"响尾蛇"或"魔术"空空导弹的发射架上。

英国ASRAAM近距程格斗导弹

是短距离空对空中程导弹。英国ASRAAM近距程格斗导弹"先进近程空空导弹"由四大部分组成，即弹体与尾翼，制导与控制系统，战斗部与引信组件，动力装置，该导

英国ASRAAM近距程格斗导弹的基本数据如下：

研制国家：美国，英国，法国，德国等；

使用国家：英国；

服役时间：1994；

长：2.9米；

体直径：16.6厘米；

翼展：45厘米；

发射重量：87千克；

弹头：5千克高爆碎裂效果；

制导：红外成像导引头；

推进：固体发动机；

射程：15千米；

速度：3马赫。

◆ 俄罗斯空空导弹

（1）"蝮蛇"空对空导弹

俄罗斯"蝮蛇"空对空导弹是

已成为俄罗斯战斗机的主要空战武器。

俄罗斯"蝮蛇"空对空导弹既能攻击大型机动目标，也能拦截小型巡航导弹。尾部的4片操纵尾翼采用世界上独一无二的格栅方式，以减小舱面操纵矩和伺服机构质量。采用指令和末段主动雷达制导，弹上主动雷达导引头有效作用距离约20千米。全弹长3.6米，弹径200毫米，全弹质量175千克，最大射程100千米。

（2）俄罗斯"毒辣"空对空导弹

"毒辣"空对空导弹

俄罗斯最新型的中程空对空导弹，

"毒辣"空对空导弹是前苏联

20世纪60年代研制的一种重量型中

"环礁"空对空导弹

程空对空导弹，1970年开始服役，主要用于装备米格-25及米格-31飞机。

"毒辣"空对空导弹配用的导引头有半主动雷达和红外两种，可在地面互换。全弹质量467千克，可攻击飞行高度30 000米，飞行速度3500千米/时的目标。

（3）俄罗斯"环礁"空对空导弹

俄罗斯"环礁"空对空导弹是前苏联最早批量生产的红外制导空对空导弹，代号K-13，是根据美国"响尾蛇"AIM-9B导弹研制而成，1961年开始服役，并曾出口30多个国家。全弹长2.84米，弹径127毫米，最大射程约7千米，低空最大射程2~3千米，只能对目标尾追攻击。

"阿莫斯"空对空导弹

俄罗斯"环礁"空对空导弹在越南战场上和中东战争中都曾广泛使用。

（4）俄罗斯"阿莫斯"空对空导弹

俄罗斯"阿莫斯"空对空导弹是前苏联为米格-31截击机专门研制的远程空对空导弹，1982年开始服役。它是目前世界上已服役的质量最大、射程最远的空对空导弹。全弹质量490千克，全弹长4.15米，弹径380毫米。1990年的改进型对轰炸机迎头攻击最大射程达120千米以上。

俄罗斯"阿莫斯"空对空导弹制导方式为，前几秒钟由程序控制，然后用无线电指令修正弹道，靠近目标后改用接收目标的雷达回波进行跟踪，在离目标20米之内可将任何作战飞机击落。

（5）俄罗斯AA-10空空导弹

AA-10空空导弹是俄罗斯的空空导弹，用于米格-29和苏-27飞机上。它分为红外和半主动雷达制导两种。半主动雷达型弹长4米，直径185毫米，重200千克，射程30千米。红外型长3.2米，弹重155千克，射程8千米。苏-27飞机可带6枚AA-10空空导弹、米格-29飞机可挂2枚。

◆ 美国空空导弹

（1）美国先进中程空对空导弹

美国先进中程空对空导弹是美国最新型的中程空对空导弹

美国先进中程空对空导弹

（AMRAAM），1979年开始研制，1990年服役。

1993至1994年在伊拉克领空"禁飞区"先后发射过4枚，击落教练攻击机等飞机3架。发射后先用指令引导，靠近目标15至20千米

"不死鸟"空空导弹

进改为弹上雷达制导。最大射程约64千米，全弹质量152千克，弹径178毫米，全弹长3.65米。

（2）美国"不死鸟"空空导弹

美国"不死鸟"空空导弹是一种远距、全天候、全高度超音速空空导弹，代号AIM-54A。F-14"雄猫"战斗机一次可携带6枚该导弹，同时攻击6个目标。其射程200千米，速度大于5马赫，弹长3.95米，弹径380毫米，发射重447千克。采用初始段编程，中制导为半主动制导，末制导为主动脉冲多普勒方式。

（3）美国"响尾蛇"空空导弹

"响尾蛇"导弹代号AIM-9，是美国研制的世界上第一种被动式红外制导空空导弹，有十多种不同的型号。其射程为18.53千米，速度2.5马赫。它具有全向攻击、近距格斗能力。弹长2.87米，弹径127毫米。曾被人们称为"超级响尾蛇"。

（4）美国"麻雀"空空导弹

"麻雀"系列导弹是美国研制的雷达制导中距空空导弹。该系列的研制工作于1946年始，至今发展了十个型号。由于不断改进使导弹

"麻雀"空空导弹

的性能不断提高，各型导弹的性能也不尽相同。其射程从开始的8千米增加到46千米。最新的型号为AIM-7M，其射程为46千米，速度3.5马赫，可全向攻击，弹长3.60米，弹径203.2毫米。它采用半主动雷达制导，具有下视下射能力。该弹出口到十多个国家。在1999年3月的北约入侵南联盟的空袭中，美国飞机首次使用"麻雀"空空导弹。

◆ 中国霹雳11型空空导弹

霹雳11型空空导弹是猎鹰60型地空导弹的改进型，它与意大利的"蝮蛇"（ASPIDE）颇为相似，性能比较先进，霹雳11的舰空改进型为猎鹰60舰空导弹（江卫级护卫舰）。该型导弹采用了一台带两个进气口的吸气式冲压喷气发动机。俄罗斯"三角旗"导弹设计局在20世纪90年代早期与法国前马特拉（MATRA）公司合作后，研发出R-77M-PD空空导弹，此后，该设计局就倾向于采用这种布局研发新型导弹，中国PL-13空空导弹的布局与此恰好相符。

霹雳11（PL-10）空空导弹的性能数据如下：

长：3.69米；

体直径：20.3厘米；

翼展：约80厘米；

发射重量：220千克；

弹头：33千克高爆碎裂效果；

制导：半主动雷达自引导；

推进：单级固体发动机；

霹雳11（PL-10）空空导弹

最大射程：60千米；

最大速度：4马赫。

◆ 以色列"怪蛇Ⅲ"空空导弹

"怪蛇Ⅲ"是以色列第三代空空导弹。该弹1975年开始研制，1983年批量生产。该弹长3米，弹径160毫米，射程15千米，弹重120千克。该弹采用红外制导，可以全向攻击，还有较大的离轴截获跟踪能力。该弹具有类似美国"响尾蛇"导弹的特点，能用于各种空战。在黎巴嫩战争中曾使用该导弹。

"怪蛇Ⅲ"空空导弹

地空导弹

◆ 中国导弹武器

（1）中国FM-90防空导弹

中国FM-90防空导弹是FM-80系列的最新改良型，由于改良幅度很大，因此中国精密进出口公司赋于它新的型号。导引模式采用半自动雷达指挥的红外影像导引系统，雷达的搜索距离25千米、追踪距离20千米，并以资料链持续对导弹更新目标资料。

导弹的有效射高在15至6000米之间，有效射程在0.7至15千米之

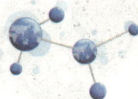

中国FM-90防空导弹

垂直发射防空导弹，能打击高达20千米的目标，斜杀伤距离12至100千米。主要用于反空中辐射飞机（空中干扰机预警机和空中控制系统飞机。该系统可探测范围为2千兆赫至18千兆赫（即S-Ku波段），外观与S-300导弹相似。

FT-2000地空导弹系统的性能参数如下：

弹长：6.8米；弹径：466毫米；弹重：1300千克；射高：3~20千米；作战斜距：12~100千米；制导体制：

间，导弹的最高速度为2.3马赫。

此导弹已具备全天候作战能力，可有效对付战机、直升机、无人飞行载具、巡航导弹、空对地战术导弹和反幅射导弹等多类空中目标。它的标准射击单元由1辆搜索管制车和2至3辆射击导引车组成，整套射击单元拥有8至12枚备用导弹，准备装弹时间由原来的10秒缩短为6秒，单发命中率约为80%。

（2）中国FT-2000地空导弹系统

FT-2000地空导弹系统车载4管

FT-2000地空导弹系统

被动雷达制导；典型目标：发射2~18千兆赫电波的空中目标。

（3）中国红旗-2（HQ-2）防空导弹

地空导弹武器系统　HQ-2为中高空地空导弹武器系统。其改进型有HQ-2B、HQ-2F、HQ-2J、HQ-2P。

红旗-2（HQ-2）防空导弹

HQ-2地空导弹武器系统以为营建制编成：包括6部发射架、24枚导弹、1个制导站。

制导站由收发车、显示车、指令车、配电车、3辆电源车组成。

红旗-2（HQ-2）防空导弹的技术性能数据如下：

弹长10.842米；弹重2322千克；最大速度1250米/秒；最大射程35 000米；最小射程7000米；最大射高27 000米；最小射高1000米；重新装填时间10~15分钟。

（4）中国KS-1中高空防空导弹

中国自制的凯山一号（KS-1）防空导弹于1989年试射成功，并在1994年结束试验。当这种导弹在1997年珠海航展上展出时，其先进性引起了人们的极大关注。

该系统包括1部相控阵雷达，4部双联装发射箱。其最大作战斜距42千米，最大射高2500米，最大飞行速度大于4马赫。

标准KS-1连队及作战单位包括：24枚导弹，1套相位阵列雷达站，4套双联装发射架和支援设备等，导弹的最大作战高度为24 000米，最小作战高度为500米，最大作战斜距42千米，最小作战斜距7千米，目标最大速度750米/秒，最

中国KS-1中高空防空导弹

大飞行速度大于4马赫，导弹全长5.6米，直径400厘米，弹重900千克，弹头重超过100千克。

这种武器系统具有全空域全天候作战能力和同时追踪拦截多个目标的能力，也能拦截空对地导弹，它是中国第一种采用相位阵列雷达技术的防空导弹，所以目前在技术上堪称大陆最先进的国产导弹。KS-1导弹所使用SJ-202型雷达最大搜索距离115千米，最大跟踪距离80千米，导弹的外形接近英国的短剑，除了射程较近外，其他性能优于台湾天弓-I型。

（5）中国前卫二号肩射式防空导弹

前卫二号肩射式防空导弹是中国研制的第三代单兵肩射式防空导弹，它在1998年的法茵堡航展中首度公开展出，珠海航展是它的第二度公开展示。

前卫二号肩射式防空导弹的构型与俄制SA-16非常相似，全重18千克，导弹重11.32千克，可由单兵携带和发射，并可配备在车辆和船舰上作为低空防空武器使用。

与1995年出现的前卫一号相比，前卫二号的低空攻击涵盖面较大、有效射程较广、系统反应速度缩短一半、导弹的导引系统性能较佳，能够全方位攻击低空空中目标，导弹的抗干扰能力较强，并且具备发射后不用管的能力。

前卫二号攻击高度在10至3500

飞蠓-80低空防空导弹

米之间，有效射程在500至6000米之间，导弹的便备时间少于5秒，最大飞行速度600米/秒，导弹装有一个重1.42千克的弹头。

（6）中国飞蠓80（FM-80又名红旗-7（HQ-7））低空防空导弹

红旗-7型是在法制"响尾蛇"导弹基础上仿制的一种全天候、低空、超低空防空导弹，1988年设计定型，现已装备野战部队，用于替换红旗-61甲型地空导弹。FM-80（"飞蠓"-80）是出口编号。

该导弹有机动转移方仓和电动越野车两种载车，每个系统上装4枚筒装导弹；配用S波段脉冲多普勒搜索雷达；发射制导系统包括KU波段单脉冲雷达、电视跟踪系统、红外位标器等；采用红外、电视、雷达复合制导体制，全程无线电指令制导，有极强的抗干扰能力；可攻击各种高速飞机、直升机、空地导弹、巡航导弹。

该导弹系统采用的越野车是防制法国奥特基斯·D布郎公司的P4R型4X4"电传动"装甲车。由一台230马力汽油机驱动交流发电机，在经过整流器变为直流电传动到四个车轮上的电动机中，以驱动车轮转动。优点是：结构简单、无级变

速、行驶平稳、加速性好、发动机功率利用充分、"动力制动"。该车还采用液气悬挂，可调节车底距地面高度。极速60千米，行程500千米。

◆ 法国导弹武器

（1）法国"西北风"舰对空导弹

法国"西北风"舰对空导弹是一种轻型近程、低空舰载防空导弹武器系统，主要装备小型舰艇和后勤支援舰，用于对付低空飞机、直升机和掠海反舰导弹的攻击。

1987年装备部队。采用红外寻的制导，爆破杀伤型战斗部，最大射程6000米，作战高度可达4500米，最大飞行速度为2.5倍音速，全弹长1.8米，弹径90毫米，全弹质量19.5千克。

（2）法国"海响尾蛇"导弹

"海响尾蛇"导弹是法国汤姆逊-CSF和马特拉公司联合研制的全天候近程舰对空导弹系统。可作为单舰点防御武器用来对付低空、超低空战斗机和悬停的直升机以及掠海飞行导弹的攻击，也可以与其他舰艇联合进行区域防御。装备了"海响尾蛇"舰空导弹系统的舰艇增强了防掠海导弹和超低空空袭兵器的能力。

该系统有两种形式：一种是导弹发射装置和多传感器火控系统同轴配置的8S型，该型在1986年装舰；另一种是发射装置与指向器为模块式分开配置的8MS型。

"海响尾蛇"导弹可用雷达、红外、电视等多种手段跟踪目标和制导导弹。由于"海响尾蛇"采用了红外角偏差跟踪装置，克服了雷达跟踪掠海目标时产生的镜像目标、背景噪声大、波束畸变等难以解决的困难，能精确地跟踪掠海导弹。当反舰飞机施放电磁干扰，使舰载雷达不能正常工作时，则采用电视跟踪，仍可对目标进行射击。这种多传感器组合运行的体制，使系统在所有态势下均能截获、跟踪目标。

"海响尾蛇"导弹采用能在

法国海响尾蛇舰空导弹发射

超低空有效工作的主动式电磁近炸引信，并由火控系统控制战斗部爆炸，提高了导弹的超低空作战能力。该引信有3个120°圆周分布的天线，其中一个天线指向下方，在超低空飞行时起高度表作用，可利用回波信号使导弹与海面保持一定距离。该引信的电磁波束非常尖锐精确，成旋转锥形向前倾斜，当导弹在很低高度飞行时，虚警信号受到很大抑制，可防止引情由于海杂波作用而错误地触发战斗部。另外，当导弹与目标遭遇时，导弹与目标所处的相对位置不同，引信触发战斗部的作用时间也不同，且杀伤效果也不一样。由于该导弹采取了战斗部爆炸延迟时间由火控系统控制的措施，保证了导弹不管处在什么位置，都能获得最大的杀伤概率。

"海响尾蛇"导弹系统虽具有一定的反掠海导弹的能力，但该系

统的雷达跟踪设备不是很完善，导弹主动段时间很短，速度偏低，抗击高速机动目标的能力有限。由于采用倾斜式发射，不易对付全向攻击。此外，该系统未经实战考验，作战使用效能到底如何还有待验证。不过该系统一直处于改进、改型之中，其性能将进一步改善。

"海响尾蛇"导弹捕获目标距离为20千米。最大作战半径：反直升机为13千米；反飞机为10千米；反掠海导弹为8.5千米。最小作战半径为0.7千米。导弹长2.94米，弹重87千克，最大速度为750米/秒。导弹杀伤概率：雷达型为0.82；红外型为0.90。

◆ 美国导弹武器

（1）"毒刺"地空导弹系统

美国"毒刺"地空导弹系统是一种单兵便携式、肩射、近程、被动红外制导的近程防低空导弹系统。1980年开始装备部队，已有多种变形，其中车载式的配用新式光学瞄具和红外跟踪系统，具有全天候和夜战能力。"毒刺"最大射程5500米，最小射程500米。最大射高4800米，最小射高30米。单发毁歼概率75%。战斗全重15.65千克，弹药基本携行量6发。

（2）美国"爱国者"地对空导弹

美国研制的"爱国者"机动式中远程、中高空对空导弹，具有全天候、全空域、多用途的作战能力。主要用于野战防空，对付各种高性能飞机，拦截巡航导弹、战术弹道导弹等。导弹长5.31米，弹径

"毒刺"地空导弹系统

"爱国者"地对空导弹

阵雷达、指挥控制中心和电源车等。发射车为拖车，车上装有4联装导弹发射架，可单射也可连射。指挥控制中心装在卡车工作间内，用于控制导弹飞行。电源车装在6轮卡车上，负责为控制中心和雷达供电。

"爱国者"导弹的主要特点是反应速度快，飞行速度快，制导精度高，可同时对付5~8个目标，

410毫米，弹重1吨，最大飞行时速7344千米，最大射程80千米，射高0.3~80千米。主要由战斗部、制导系统、控制组件和发动机等组成。弹体为细长圆柱体，无弹翼。战斗部为破片杀伤型，采用无线电近炸引信，杀伤碎片达700多片，杀伤半径20米。

此型地面设备有发射车、相控

抗干扰能力强，系统可靠性好。在1991年的海湾战争中，多次成功地拦截伊拉克的"飞毛脚"导弹，因而声名大振。

◆ 俄罗斯导弹武器

（1）俄罗斯"道尔"地空导弹系统

俄罗斯"道尔"地空导弹系统是世界上同类地空导弹系统中唯一采用三坐标搜索雷达，具有垂直发射和同时攻击两个目标能力的先进近程防空系统。导弹最大速度为850米/秒。该导弹长2.9米，弹径232毫米，发射重量为165千克。导弹射程1.5~12千米，射高10~8000米，单发

对空导弹

俄罗斯"根弗"SA-6地对空导弹是一种车载机动发射的中程、中低空防空导弹武器系统，用来对付距离在5~25千米，高度60~10 000米的亚音速和超音速飞机，也可拦截巡航导弹。它1967年首次展出，是前苏联80年代较先进的地对空导

"道尔"地空导弹系统

命中概率在70%以上。8枚导弹垂直装在2个密封的4联装发射筒内。系统反应时间仅5~8秒。

（2）俄罗斯"根弗"SA-6地

弹。采用半主动雷达寻的制导，破片杀伤型战斗部，全弹长6.2米、弹径0.34米，最大飞机速度2.2倍音速，全弹质量604千克。

按其性能来说，可以对付美军F-16战斗机。但因SA-6导弹采用全程半主动寻的制导，需要搜索雷达进行目标探测，并把目标坐标送给跟踪照射雷达，照射雷达通过制导车的同步通迅系统把目标的实时坐标发送给4部导弹发射车，适时发射导弹。照射雷达一方面把导弹引导到雷达波束中，引导导弹飞向目标。

此型导弹是世界上第一种采用整体式固体冲压和固体火箭组合发动机的导弹。第四次中东战争中，埃及和叙利亚军队曾使用这种导弹击落了以色列飞机。

（3）俄罗斯"牛虻"SA-11地对空导弹

俄罗斯"牛虻"SA-11地对空导弹是一种中低空、中近程机动式防空武器系统，为"根弗"导弹的后续型，主要承担野战防空任务，装备陆军导弹旅，80年代中期开始服役。

俄罗斯"牛虻"SA-11地对空导弹采用半主动雷达雪的制导，全弹长5.55米，弹径400毫米，全弹质量690千克，有效射程3~32千米，有效射高15~22000米，四联装发射架，履带式载车。

◆ 英国导弹武器

（1）英国"长箭"2000地对空导弹

英国"长箭"2000地对空导弹是一种机动式低空、近程防空导弹武器系统，配备先进和跟踪雷达和搜索雷达，主要承担2000年后英国陆军野战防空以及要地防空任务。1987处开始研制，目前处于最后试验阶段。

全弹长2.24米，全弹质量42.6千克，最大有效射程6000米，最大有效射高3000米。该弹不仅能反飞机，也能反武装直升机，无人驾驶飞机及巡航导弹。

（2）英国"海标枪"舰对空导弹

英国"海标枪"舰对空导弹是一种中远程、中高舰载防空导弹武器系统，主要用于拦截高性能飞机

和反舰导弹，也能攻击水面目标。1973年装备部队。在在所不惜的1982年英阿马岛冲突中，英海军用该导弹先后击落阿根廷5架飞机和1架直升机。海湾战争中，英舰用该导弹成功地拦截了伊拉克反舰导弹，创造了首次反导战例。

该导弹采用半主动雷达寻的制导和破片杀伤型战斗部。最大射程为70千米，作战高度10至22 000千米，最大速度为3.5音速，全弹长4.36米，弹径420毫米，全弹质量550千克。

此型导弹是一种便携式单兵肩射的防空导弹武器系统，也可以车载发射。1966年开始研制，1972年装备部队。主要用来对付低空慢速飞行和直升机，承担野战防空任务，还可用来对付小型舰艇和地面战车。

（3）英国"吹管"地对空导弹

英国"吹管"地对空导弹全弹长1.35米，弹径76毫米，全弹质量

"海标枪"舰对空导弹

11千克，采用光学跟踪和无线电指令制导，破片杀伤战斗部，有效射程4800米，有效射高1800米。该导弹武器已被新型的"标枪"和"星光"等便携式导弹取代。

（4）英国"警犬"地对空导弹

英国"警犬"地对空导弹是一种中高空、中远程防空导弹武器系统，主要承担国土防空任务。有Ⅰ和Ⅱ两型，分别于1958年和1964年服役。

英国"警犬"地对空导弹全弹长8.46米，弹径550毫米，全弹质量2270千克，有效射程5至84千米，有效射高50至17 000米。它采用全程连续波半主动雷达寻的制导和高能炸药连续杆杀伤战斗部。该导弹在英国已退役，目前端装备这种导弹。

地地导弹

◆ 中国地地导弹

（1）中国东风15中程弹道导弹（East Wind–15/M–9）

东风15（M–9）型导弹采用惯性制导加末端修正方式，长度约7.62米，射程595.7千米。动力装置为固体火箭发动机，命中精度：误差半径91.4~274.3米。战斗部装498.9千克常规高爆炸药或9万吨当量级核弹头。

东风–15，又称M–9，是我国自行发展、可机动发射的战术导弹，采用与美国Pershing I–A型导弹类似的惯性制导方式。末端GPS制导系统也正在发展中，命中精度将提高到114米内，对特定目标提供足够的命中精度。据称其改进计

东风15中程弹道导弹

划得到了以色列的技术帮助。

（2）中国台湾"霍克"短程对地导弹

"霍克"短程对地导弹由美制"霍克"防空导弹改制而成。该弹制导方式为简单惯性制导，重量4851.6千克，长度12.1米，射程约144.8千米，动力装置为两级固体火箭发动机，战斗部装有136千克常规高爆炸药。

◆ 美国地地导弹

导弹是美国第一种洲际战略巡航导弹，用来配合远程轰炸机执行战略巡航及战略核攻击任务。

1946年开始研制，50年代末装备部队，60年代中期退出现役。导弹采用惯性制导和天文导航复合制导，战斗部为100万吨级TNT当量的核弹头。最大射程8000千米，巡航高度18至22.5千米，巡航速度为0.93倍音速，弹长22.57米，弹径1380毫米，全弹质量22.6吨。

（2）美国"民兵"地对地战略

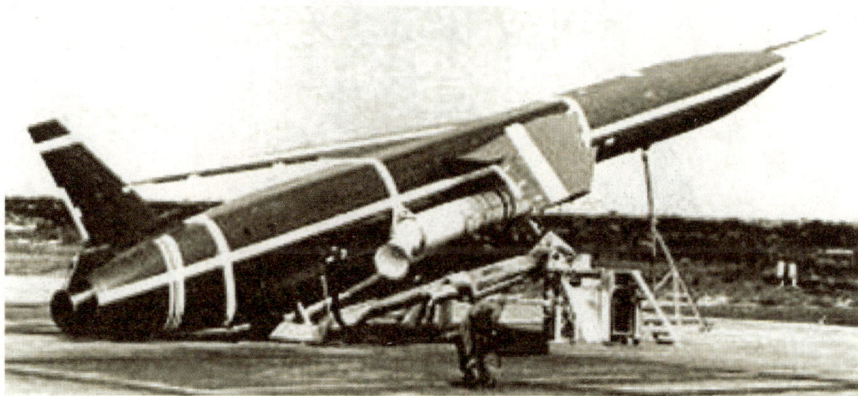

"鲨蛇"地对地战略巡航导弹

（1）美国"鲨蛇"地对地战略巡航导弹

美国"鲨蛇"地对地战略巡航

弹道导弹

美国研制的第三代地对地洲际弹道导弹。该导弹对目标选择更灵

活，命中精度高，并具有较强的生存能力和突防能力。

美国"民兵Ⅲ"地对地型战略弹道导弹1966年开始研制，1970年装备部队。前三级采用固体火箭发动机，末助推级采用液体火箭发动机。弹长18.26米，弹径1670毫米，起飞重量35.4吨，携带装3个弹头的分导式多弹头，每个子弹头威力为17.5万吨TNT当量，射程9800至13 000千米，命中精度185至450米。美国非常重视提高"民兵Ⅲ"型的性能。20世纪90年代初，美国国防部延长其服役期限至2020年。目前，"民兵Ⅲ"型地对地弹道导弹改进计划仍在进行。

"民兵"地对地战略弹道导弹

◆ 俄罗斯地地导弹

（1）俄罗斯SS-11洲际弹道导弹

SS-11三型洲际弹道导弹有三具重返大气层载具而且是用来攻击陆基洲际导弹掩体。的确，由前苏联的测试资料显示这三具所涵括的打击区域正是义勇兵导弹掩体的范围，而这样的科技是从SS-9四型

来，因此，即使SS-11三型洲际弹道导弹依旧瞄向美国，应该已改变了原先的攻击目标。将SS-11洲际弹道导弹部署在前苏联远东是极具价值的。

俄罗斯SS-11洲际弹道导弹的性能参数如下：

规格：长19米，宽2.44米；

射程：（一型）6000海里（11

俄罗斯SS-11洲际弹道导弹

导弹上开发而来的。然而，由于更准确、更合适的弹头不断被开发出

000千米），（二型）7000海里（13000千米），（三型）5710海里（10

600千米）；

发射重量：48000公斤；

投掷重量：（一型）998公斤，（二、三型）1134公斤；

发射方式：二节推进，可储存式液态燃料，温射；

导引系统：惯性；

弹头：（一型）1枚100万吨，（二型）1枚100万吨，（三型）3枚25万吨（多重重返大气层载具）；

圆周公算偏差值：（一型）0.75海里（1400米），（二、三型）0.59海里（1100米）。

一型具有单一大型弹头，一度传闻其当量高达二千万吨。二型是前者的改良，具有较佳的射程、投掷重量、辅助穿透装置及较精确的弹头。三型是前苏联第一种配备多重重返大气载具的陆基洲际弹道导弹，1969年侦测其具有3枚弹头。1973年60枚SS-11三型洲际弹道导弹服役。当70年代末期这970攻SS-11导弹过半数为新的SS-17或SS-19所取代时，仍有450枚继续服役。

（2）俄罗斯SS-17洲际弹道导弹

SS-17洲际弹道导弹（前苏联命名为RS-16）与SS-19洲际弹道导弹同时采取竞争方式平等发展。SS-17导弹是SS-11导弹的后续发展型，它可以部署在后者的掩体内。它比SS-11导弹稍大些，使用液态燃料推进与先进实用的冷射技术，在瓦斯推进器将导弹完全推出掩体后，它的第一节火箭才会点燃。掩体因而不会受到损伤并可再次利用。导弹将在发射罐中然后再装入掩体中，不但可提供掩体在导弹发射时的额外保护，同时也方便再填装。SS-17一型弹装载4具独立多重重返大气层载具的弹头，其当量不少于20万吨，SS-17二型导弹携行单一高当量弹头。但主要的服役型是SS-17三型导弹。

俄罗斯SS-17洲际弹道导弹的性能参数如下：

规格：长21米，宽2.1米；

俄罗斯SS-17洲际弹道导弹

射程：5400海里（10 000千米）；

发射重量：65 000公斤；

投掷重量：2903公斤；

投掷方式：二节推进，可储存式液态燃料，冷射；

导引系统：惯性；

弹头：（一型）4枚20万吨（独立多重重返大气层载具），（二型）一枚3600万吨，（三型）4枚75万吨（独立多重重返大气层载具）；

圆周公算偏差值：0.22海里（400米）。

美国认为SS-17三型导弹只能算是前苏联陆基洲际弹道导弹中的第二战备弹。也就是说，尽管以它重返大气层载具的大小及相对准确度，要摧毁强化工事目标的机率并不大，但是它可以攻击军事基地、机场以及未经妥善保护的硬性目标，而非导弹掩体或指挥部。

（3）俄罗斯SS-25洲际弹道导弹

SS-25洲际弹道导弹的发射车大都是大型的十车轮型车辆，虽然类似SS-20导弹的机动发射车，但它的轮子要来得多。导弹是装在发射管并放置在载具上，其后有锁链相连，在进行发射时液压装置便装

SS-17洲际弹道导弹

发射管推成直角。SS-25导弹的基地包括了有可开启式屋顶的车库与许多备有支援设备的建筑。这种可开启式的屋顶可能不仅用来测试直立的发射架，在紧要关头将会用来充作后备的发射场。

SS-25洲际弹道导弹（前苏联将其命名为SS-12M）部署是前苏联陆基洲际弹道导弹武力中最新近的部署。SS-25导弹是与美方义勇兵三型导弹大小相近的公路机动发射导弹。它仅携带一枚准度极高、当量在55万吨的核弹头。最先的18

枚SS-25洲际弹道导弹在1985年初完成部署，为此前苏联淘汰了20枚老旧的SS-11导弹以符合战略武器限制协议中的上限。到了1985年年底，总计有45枚SS-25导弹部署为5个团（每个团有九具发射器）。

同时，在此阶段有为数70枚SS-11导弹服役，其中50枚是为了已成军的五个SS-25导弹团，其它20枚则为了部署两个团。再加上这两个团，服役中的SS-25导弹的总量已达到72枚。

俄罗斯SS-25洲际弹道导弹的

俄罗斯SS-25洲际弹道导弹

性能参数如下：

规格：长21.5米，宽1.8米；

射程：5670海里（10500千米）；

发射重量：35 000千克；

投掷重量：732千克；

发射方式：三节推进，液态燃料，机动发射；

导引系统：惯性；

弹头：一枚55万吨；

圆周公算偏差值：0.11海里（200米）。

◆ 美国、英国北极星潜射弹道导弹

北极星导弹系统的研究开始于1956年，当时将先进的固态燃料导弹放进潜艇中的想法已经明显地在孕育中。这项构想可以使发射载台带着导弹尽可能地接近目标并藏匿在深海中。

在第一艘核动力潜艇鹦鹉螺号完成处女航的五年后，1960年北极星A-1导弹随同第一支美国海军弹道导弹舰队成军。1962年，首次潜射试验完全成功，同年射程更远并

具有较长的第二节推进器的北极星A-2导弹服役。

北极星A-3导弹藉由利用可用空间、较轻的结构和更佳的推进器使得导弹的射程增加了60%。这型导弹服役至1964年被新的海神导弹所淘汰，目前只有英国皇家海军4艘果断级潜艇继续使用本款导弹。

英国皇家海军所使用的北极星导弹装有许多英国自身的高科技产品，如弹头、诱饵、辅助穿透装置与导引系统。这一整套名为雪佛兰计划开始于70年代末至80年代初，的确完成许多全新高科技成就，使得本型导弹得以堪用至20世纪末。许多公开发行的参考书对于该计划的细节部分常有争议，比较可信的是它具有3枚当量在20万吨的多重重

北极星潜射弹道导弹

返大气层弹头。

◆ **法国地地导弹**

（1）法国M-4海对地战略弹道导弹

海对地战略弹道导弹是法国战略核子吓阻的主力。虽然导弹的概念主要来自美国北极星导弹，但并非来自美国提供的核心科技，而是法国人藉由己力加以完成。在1967年至1970年间的测试中完成了M-1导弹，并在1971年装进无疑级潜艇服役。M-1导弹具有单一当量在50万吨的弹头，其射程为1296海里（2400千米）。随后又发展出两节推进，射程增加为1647海里（3100千米）的M-2导弹。当同级舰震雷号在建造时，以及较早的两艘船在大修时均换装M-2导弹。到了70年代中，新的M-20导弹问世。

到了80年代中后期。与之前导弹大不相同的全新设计M-4导弹出厂。虽然需要大幅度的修改，但是M-4导弹却能装在任一现存的法国弹道导弹潜艇上。这型导弹具有三节推进器，并装有6个独立多重重返大气层载具，每个上有1枚当量最少在15万吨的核弹头。这些法国第一代独立多重重返大气层载具据信非常精准，可攻击的区域涵括81×189海里（150×350千米）。就像潜艇一样，法国在战略核子导弹的开发与部署是相当成功的。

新的M-4B导弹已经在发展中，它将具有2700海里（5000千米）的射程，并使用新的TN-71重返大气层载具。

与其他小型核武强权一样，法国海军仅能对城市、无保护的工业与军事设施造成对抗价值取向的报复打击的威胁。增加的弹头数将增加其穿透力，这使得法国海军有很大的机会，使一部分的导弹穿透防御打击到目标，而足以对前苏联产生有效的威胁。

（2）法国S-3地对地战略弹道导弹

地对地战略弹道S-3导弹只能算是中程弹道导弹，但以欧洲的标准来衡量无疑仍是一种战略武器。

法国第一代导弹S-2导弹于1972年服役，而且从那时起法国就一直维持18枚导弹，分成两个单位，每单位各9枚。第二代的S-3导弹在1973年开始开展。它使用S-2的第一节推进火箭与为了海对地战略弹道导弹所开发出的第二节推进火箭。配备有全新的、当量在120万吨的核弹头，并有组装的辅助穿透装置，同时也强化了在电磁脉冲下的防卫。

S-3导弹在1976年试射成功，并在阿尔冰基地完成后于1980年进入部署。第二座基地在1982年完工。这些基地都相当易毁，而计划在第三座基地部署的另外九枚导弹也在1974年胎死腹中。

这些S-3导弹具有强大但并不很准确的单一弹头，故只可能用来瞄准大区域、软性的、对抗价值取向的目标，如城市或工业中心。然而，我们不应单独地观察S-3导弹，而是应该把它当作是结合幻象四型轰炸机与核子潜艇武力后国家核子威慑武力的一部分。主要的问题应该是："法国在什么时候会发射S-3导弹？"由于如此少的导弹又集中在如此小的区域里，前苏联只须动用极小部分的核武力便可将其完全摧毁，因此唯一合理的逃避之计就是"紧急时便发射"。

反坦克导弹

◆ 中国红箭–9反坦克导弹

红箭–9的主要运载工具是在北方工业公司制造的WZ–5516X6装甲车底盘，它也可以装在其他平台上，包括卡车、直升飞机、舰船。新型4X4红箭–9系统作战重量13.75吨，指挥官和司机在前，动力系统在中间左侧，导弹系统在后面。

中国红箭–9反坦克导弹发射瞬间

中国红箭-9反坦克导弹

红箭-9至少有两种型号。这种152毫米的导弹发射后有四鳍。该导弹系统锁定目标后每分钟最快可以发射两枚导弹，最短射程500米，最长射程5000米。红箭-九属于新型式，除了弹头之外，它在很多方面同美国雷雄公司的炮管发射、光学跟踪、有线制导反坦克导弹类似。但两者最大的差别在于红箭-9是采用激光制导，激光控制范围5.5千米，波段0.9米。

◆ 美国反坦克导弹

（1）美国"陶"式反坦克导弹

美国"陶"式反坦克导弹是美国研制的一种光学跟踪、导线传输指令、车载筒式发射的重型反坦克导弹武器系统。

该导弹主要用于攻击各种坦克、装甲车辆、碉堡和火炮阵地等

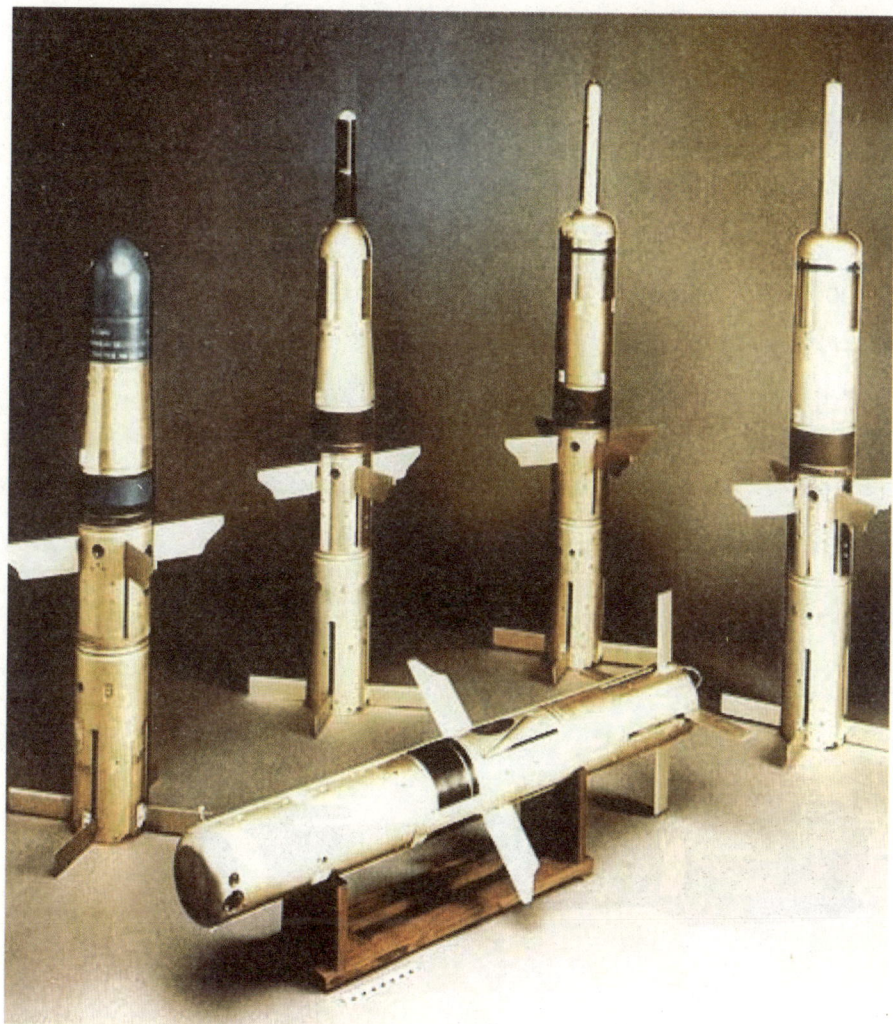

美国"陶"式反坦克导弹

硬性目标。1965年发射试验成功，1970年大量生产并装备部队，可车载和直升机发射，也可步兵便携发射。在越南战争及第四次中东战争中都曾大量使用此导弹，并取得了良好的战果。在海湾战争中，多国

部队共发射了600多枚此导弹，击毁了伊拉克军队450多个装甲目标。

导弹采用红外线半主动制导，最大射程为4千米，最小射程为65米。命中率500米以内为60%，500至3000米可达到100%。武器系统为由导弹、发射装置和地面设备3大部组成。导弹长1.164米，弹径

152毫米，全弹质量18.47千克。由战斗部、控制系统、发动机、尾段组成。弹体为圆柱形，弹翼平时折叠，发射后展开。可从地面发射，也可以从直升机上发射，第一代反坦克导弹相比，具有射程远、飞行速度快、制导技术先进和抗干扰能力强等特点。

"海尔法"机载反坦克导弹

（2）美国"海尔法"机载反坦克导弹

海湾战争期间该地区聚集了大量坦克，伊拉克拥有坦克4000辆，美国拥有2000辆。为对付伊拉克的坦克优势，多国部队运进不少先进的反坦克导弹。"海尔法"机载反坦克导弹就是其中一类。

该导弹是由美国洛克威尔国际公司研制的一种直升机载，激光半主动制导的，属第三代反坦克导弹，用以攻击地面坦克、装甲目标，也可由地面车辆发射。1972年研制，1984年装备部队。

美国"海尔法"机载反坦克导弹的性能参数如下：

弹长1.8米，弹径178毫米，战斗部重43千克，命中率大于90%，

"催格特"反坦克导弹

最大射程7.5千米，最大速度为1.17倍音速，采用双锥串联型聚能装药破甲战斗部，穿甲威力500毫米。该导弹价格大约为每枚4万美元左右。

◆ 法、德、英 "催格特" 反坦克导弹

"催格特" 反坦克导弹是法、德、英联合研制的第三代坦克导弹，1995年装备部队。有中程和远程两种，中程型为便携型导弹；远程型为多用途导弹。后者兼有地对地、地对空、空对地和空对空四种作战功能，是世界上最复杂、最先进的反坦克导弹。

发射时射手将激光波束对准目标，导弹飞入激光波束，按三点导引规律将导弹导向目标并将之命中。战斗部为串联双重聚能破甲型，能击穿复合装甲。中程型最大射程2000米，最大速度300米/秒，全弹长 1 米，弹径100毫米，全弹质量11千克。

第六章

轻武器

　　火器的产生源于9世纪初中国发明的火药。1259年中国制成的以黑火药发射子窠的竹管突火枪，被认为是世界上最早的身管射击火器。欧洲枪械的发展大致历程为14世纪出现火门枪，15世纪出现火绳枪，16世纪出现燧石枪（又称燧发枪），19世纪初出现击发枪，19世纪中叶出现金属弹壳定装弹后装击针枪，19世纪下半叶出现弹仓枪，19世纪末出现自动枪械。在这长达600余年的发展过程中，枪械本身由前装到后装，由滑膛到线膛，由非自动到自动，经历了多次重大的变革。19世纪中叶以前，枪械的发展主要集中在提高点火方法的方便性和可靠性方面，19世纪末开始在提高射速方面有了突破性的进展。同时，枪械的品种由少到多，重量逐渐减轻，口径由大到小，射程由近及远，射速也逐渐提高，最终才发展到今天这样的水平。

　　随着科学技术的进步，轻武器将在探索新的工作原理、新型结构产品方面继续发展，世界各国层出不穷的各种新式枪械和弹药的试验方案，就说明了这个问题。在提高轻武器机动能力的同时，还要着重增强其威力，加大其火力密度，以提高其作战效能；提高轻武器对任务、人员和环境的适应性，加强轻武器反坦克、反空袭的能力，使枪械实现点、面杀伤与破甲一体化。轻武器在新材料（如轻金属、工程塑料等）、新能源（如非火药能源——电磁能、声能、光能等）和高技术的采用方面也将会拥有广阔的前途。

手 枪

◆ 格洛克17式9毫米手枪

格洛克17式9毫米手枪是奥地利格洛克有限公司于1983年应奥地利陆军的要求研制的。现今，格洛克手枪已经发展成为具有 4 种口径、8 种型号的格洛克手枪族，并被40多个国家的军队和警察装备使用。尤其在美国，它占据了40%的警用自动手枪市场，基本型格洛克17式手枪成为现代名枪之一。

格洛克17式9毫米手枪

格洛克手枪的主要特点是广泛采用塑料零部件，质量小，而且机构动作可靠，容弹量也大。该枪广泛采用了塑料件，如套筒座、弹匣体、托弹板、发射机座、复进簧导杆、前后瞄准器、扳机、抛壳挺顶杆及发射机座销等，这些塑料件基本由聚甲醛制成，这样可以使手枪质量显著地减小到620克。它采用柯尔特-勃朗宁手枪式的枪管偏移式开闭锁结构，借助枪管外面的矩形断面螺纹与套筒啮合联接。

格洛克手枪的另一个显著特点是扳机保险装置和击发装置。该枪的扳机机构类似双动扳机，预扣扳机5毫米行程后，锁定的击针被解脱，呈待击发状态；再扣2.5毫米行程就能释放击针打击底火，而且扳机力可根据需要在19.6～39.2牛之间调整。由于有击针锁定保险，所以枪外部没有常规的手动保险机柄。格洛克手枪扳机保险装置的优点有很多。第一是它的使用简便

性：扣压扳机就能击发，手指离开扳机就能自动处于保险状态。第二是每次击发的扳机力都是一样的。第三，假如手枪掉在地上或者从射手手中脱落，扳机保险装置能自动地处于保险状态，以避免走火事故的发生。该枪勤务性也很好，全枪包括弹匣只有32个零部件，用一个销子可在1分钟内将枪分解。由于套筒座用合成材料制成，它的外形光滑，手感好。格洛克17L式手枪采用与格洛克17式手枪相同的设计，只是枪管、套筒加长，以供比赛使用。格洛克手枪的结构特点如下：

瞄准装置：格洛克17式手枪配有普通的固定准星和缺口式照门，在准星和缺口照门上有大的氚发光点，用于夜间射击。17L式的照门可调，无夜视装置。

弹药：该手枪使用9毫米帕拉贝鲁姆手枪弹。

◆ 勃朗宁M1900式7.65毫米手枪

勃朗宁M1900式7.65毫米手枪，是比利时国营赫斯塔尔公司早期大规模生产的第一种约翰·勃朗宁自动手枪。该枪采用传统的自由枪机式工作原理，与众不同的是其复进簧装在枪管上方的管子里。除M1900式外，勃朗宁设计的手枪还有M1903、M1910、M1922等型号。

M1900式口径为7.65毫米，发射7.65毫米柯尔特自动手枪弹；M1903式口径为9毫米，发射9毫米勃朗宁短弹；M1910式口径为7.65毫米，发射7.65毫米柯尔特自动手枪弹，也有9毫米型，发射9毫米短弹；

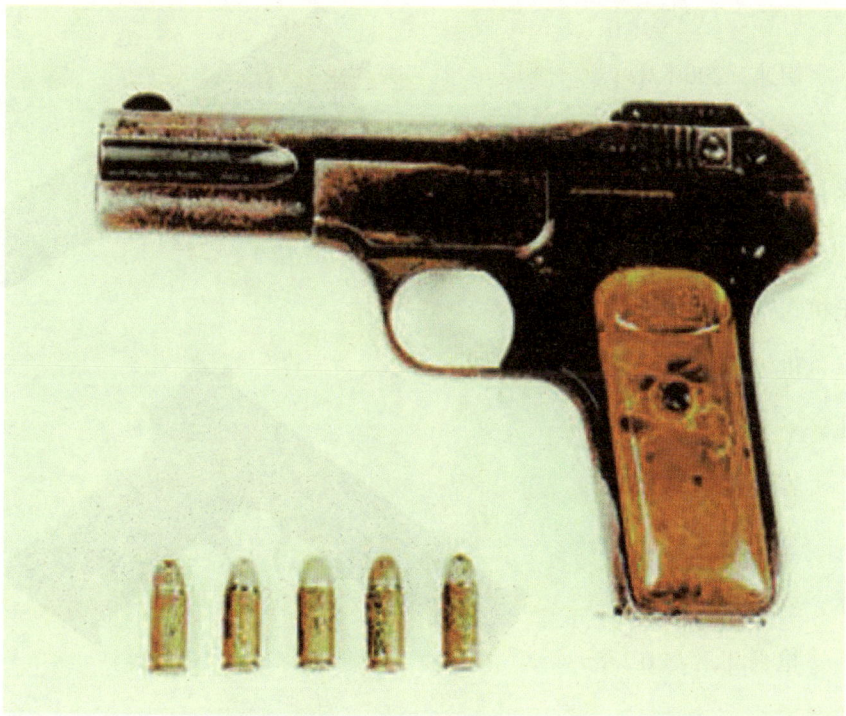

勃朗宁M1900式7.65产毫米手枪

M1922式口径有7.65毫米和9毫米两种，发射7.65毫米柯尔特自动手枪弹和9毫米短弹。在这几种手枪中，朝鲜曾生产过M1900式，瑞典、土耳其使用过M1903式，M1922式在第二次世界大战时期曾为荷兰、捷克、德国等国的军队做过装备。

勃朗宁M1900式7.65毫米手枪性能数据如下：

口径：7.65毫米；

初速：290米/秒；

有效射程：30米；

自动方式：自由枪机式；

供弹方式：弹匣；

容弹量：7发；

全枪长：162.5毫米；

枪管长：102毫米；

膛线：六边形，右旋，缠距250毫米；

全枪质量（不含弹匣）：615克；

配用弹种：7.65毫米柯尔特自动手枪弹。

◆ 波兰M1935式9毫米手枪

M1935式9毫米手枪是波兰研制的柯尔特–勃朗宁手枪的变型枪。

波兰M1935式9毫米手枪

这种帕拉贝鲁姆9毫米口径手枪被称为拉多姆或VIS-M35式。在第二次世界大战期间，它是波兰的军用手枪，其做工精美，套筒上有一只鹰和波兰标记。德国人在占领波兰期间，继续生产这种手枪，并将其命名为35（P）式，但质量很差，比拉多姆35手枪大。目前，世界上已没有一个军队装备该手枪。

M1935式9毫米手枪基本上采用美国M1911A1式手枪和比利时FN大威力手枪的结构。它采用枪管短后坐式工作原理，枪管下方有类似比利时FN大威力手枪的突起，可使得枪管或升或降，完成开、闭锁动作。挂机柄类似美国柯尔特手枪：在弹匣上部有一突起可使得套筒向上，卡在套筒槽内。通过按动套筒左边的卡笋，可释放或降低待击的击锤。该枪有握把保险机构，没有手动保险机柄。外形类似柯尔特手枪手动保险机柄的拇指旋钮，只用在分解武器时锁住套筒。

波兰M1935式9毫米手枪性能数据如下：

口径：9毫米；

初速：350米/秒；

有效射程：50米；

自动方式：枪管短后坐式；

发射方式：单发；

供弹方式：弹匣；

容弹量：8发；

膛线：6条，右旋；

全枪长：195毫米；

枪管长：121毫米；

全枪质量（不含弹匣）：1千克；

瞄准装置特性：

准星：片状；

照门：缺口式；

配用弹种：9×19毫米帕拉贝鲁姆手枪弹。

◆ HK4式0.22in（5.59毫米）双动袖珍手枪

HK4式双动袖珍手枪是一种自动装填、联动击发的袖珍手枪，经过简单互换部分零件后，可以从发射中心发火弹改为发射边缘发火弹。其口径有 0.22in（5.59毫米）、0.25in（6.35毫米）、0.32in（7.65毫米）和0.380in（9毫米）等数种。

HK4式手枪为枪机自由后坐式武器，击发后火药气体推动弹壳向后，套筒随之后坐，在套筒后坐过程中，完成抽壳、抛壳、压倒击锤等一系列动作。套筒撞击到后边的缓冲垫后停止后坐，随之在复进簧作用下复进，推弹入膛。只有当套筒完全复进到位时扣扳机才能击发。该枪保险机柄位于套筒左侧，上推露出红点为发射状态，下推露出白点为保险状态。保险时，击锤被阻止住。

HK4式0.22in（5.59毫米）双动袖珍手枪

该枪一般使用中心发火弹，当改为发射边缘发火弹时，可以调整弹底窝平面板，以改变击针的轴向。这时，应取下枪管，用销子橇起拉壳钩使之离开弹底窝平面，然后卸下弹底窝平面板，将其翻转后重新装上。当发射0.22LR边缘发火弹时，弹底窝平面板上的R标志朝前，击针从上孔伸出。当发射中心

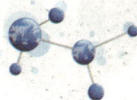

发火弹时，弹底窝Z标志朝前，击针从下孔伸出。

◆ 德国毛瑟1912式7.63毫米手枪

彼得·保罗·毛瑟由于其设计的步枪装备而闻名于世界许多国家军队。他是在1870年才开始对手枪感兴趣的。1878年，他设计了一支灵巧的左轮手枪，但该枪并未被德国军队采用。于是，他开始转向半自动手枪，经过多次试验后，1896式和1898式手枪相继出现。

第一次世界大战期间，这种手枪流传甚广。1916年，有许多毛瑟1912式手枪改用9×19毫米帕拉贝鲁姆枪弹，因而被称为毛瑟1916式手枪。在这些枪的握把上均有漆成红色的9字。除此之外，还有些手枪发射9毫米毛瑟手枪弹，但这种手枪弹弹体太长，无法与其他9毫米弹互换

德国毛瑟1912式7.63毫米手枪

使用。

毛瑟1912式手枪采用枪管短后坐式工作原理，弹匣供弹，由于其动作可靠、做工精细，目前它在世界各地仍相当普及。

德国毛瑟1912式7.63毫米手枪性能数据如下：

口径：7.63毫米；

初速：427米/秒；

自动方式：枪管短后坐式；

发射方式：单发、连发；

供弹方式：弹匣；

容弹量：10发；

全枪长：311毫米；

枪管长：140毫米；

全枪质量（不含弹匣）：1.25千克；

配用弹种：7.63毫米毛瑟手枪弹。

◆ 美国卡利科M-950式9毫米手枪

卡利科M-950式9毫米手枪是一种半自动武器，采用半自由枪机式工作原理，滚柱式延迟后坐闭锁方式，类似HK步枪的结构。机头两侧的滚柱在待发时进入机匣内侧的凹槽，待开锁时使开锁动作时间延长，等膛底压力降到允许值时打开枪膛。该枪的击针体是一个较大的钢块，扣扳机后，击针体向前滑动约51毫米时打击击针。其枪机的两部分、复进簧、导杆、击发机构等都装在一个主件内，可以将其整体取出进行勤务保养。机匣为铝制，枪管用铬钼钢制成，闭锁机为不锈钢材料。该枪采用弹匣供弹。弹匣在装弹时，可以不施加簧力，因而借助快速装弹器可在15秒内装完弹。

美国卡利科M-950式9毫米手枪性能数据如下：

口径：9毫米；

初速：393米/秒；

自动方式：半自由枪机式；

闭锁方式：滚柱式；

发射方式：单发、连发；

美国卡利科M–950式9毫米手枪

供弹方式：弹匣；

容弹量：50发或100发；

全枪长：356毫米；

枪管长：152毫米；

膛线：6条，右旋；

全枪质量（不含弹匣）空弹匣：1千克；

含50发实弹匣：1.81千克；

照门：缺口式；

配用弹种：9×19毫米帕拉贝鲁姆手枪弹。

步　枪

◆ 瑞典AK5 式 5.56毫米突击步枪

　　20世纪70年代中期，瑞典军队就开始寻求小口径轻型步枪，以取代现装的AK4式7.62毫米步枪。经过对已有的大部分5.56毫米步枪的可靠性、耐用性、精度、维护性和其他性能试验以后，最终只保留了两种步枪继续进行试验，即瑞典的FFV军械公司研制的FFV890C

式5.56毫米突击步枪和比利时的FNFNC5.56毫米自动步枪。

　　1979至1980年期间又对这两种步枪进行了部队试验和技术试验，结果淘汰了FFV890C式步枪，选中了FNFNC步枪，因为考虑到后者的性能可以提高。随后对FNFNC步枪做了一系列改进，以适应瑞典军队的特殊需要。改进后的步枪称为

瑞典AK5式5.56毫米突击步枪

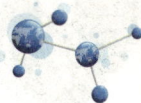

AK5式突击步枪。

结构特点：AK5式5.56毫米步枪的工作原理与FNFNC5.56毫米步枪相同，其结构也基本一样，但对以下零部件进行了改进：枪托和枪托锁定装置、枪机、拉弹钩、护木、导气箍、瞄准具、装填拉柄、弹匣、快慢机柄、扳机护圈和背带环。同时，还取消了3发点射机构，表面进行了喷砂和磷化处理，并烤深绿色瓷漆。

瞄准装置：该枪采用机械瞄准具，准星为柱形，带有护圈，表尺为翻转式觇孔照门。表尺分划为250米和400米。该枪还可配用光学瞄准镜。

弹药：该枪使用北约5.56毫米枪弹。

◆ 意大利伯莱塔 7.62毫米狙击步枪

伯莱塔7.62毫米狙击步枪是意大利伯莱塔公司于20世纪80年代研制成功的新狙击步枪，发射北约7.62毫米标准枪弹，目前已不再生产。

结构特点：伯莱塔7.62毫米狙击步枪采用普通的转闩式枪机，自由浮动式重型枪管和弹仓供弹方式，枪口装有消焰器。下护木前端有一管，用以安装两脚架，管内还可以容纳减小枪管振动的平衡稳定器。下护木前部下方的小握把可调整，并可作为射击支撑点。枪托为带有拇指孔的木制枪托，枪托上的后坐缓冲垫和贴腮板均可根据射手的需要进行调整。

瞄准装置：该枪采用标准的机械瞄准具，片状准星上有遮光罩，V形缺口表尺可以调整风偏和高低。该枪还配装蔡斯1.5～6×42T光学瞄准镜或者其他任何型号的光学瞄准镜或光电瞄准具。

意大利伯莱塔 7.62毫米狙击步枪性能数据如下：

意大利伯莱塔 7.62毫米狙击步枪

口径：7.62毫米；

自动方式：非自动；

供弹方式：弹仓；

容弹量：5发；

全枪长：1165毫米；

枪管长：586毫米；

膛线：4条，右旋，缠距305毫米；

全枪质量（不含枪弹）：5.55千克；

两脚架质量：950克；

瞄准装置：机械瞄准具和光学瞄准镜；

配用弹种：北约7.62×51毫米枪弹。

◆ 德国毛瑟 SP66 式 7.62毫米狙击步枪

毛瑟SP66式7.62毫米狙击步枪是德国毛瑟公司专门为军队狙击手和治安部门设计和生产的单发装填步枪，其外形与运动步枪相似。该枪除德国军队和警察外，至少还有12个国家装备此枪。

德国毛瑟 SP66 式 7.62毫米狙击步枪结构特点：毛瑟SP66式狙击步枪采用毛瑟98式狙击步枪短枪机系统。拉机柄在枪机前部、闭锁突笋的后方，与普通狙击步枪相比，枪机行程缩短了90毫米。这样，可以增加枪管长度而不增加全枪长，由于枪身缩短，使得全枪质量有所减轻。枪身后部凸出零件少，打开枪机时射手无需偏头瞄准；枪机开锁时，机体向后伸出量小，不影响射手瞄准。

该枪管为重型，枪口装有消焰/制退器。供弹装置为整体式弹仓，但必须从上面压弹。机匣上加工有楔形导轨，以便安装红外探照灯。枪托为木制，其表面有波纹，颈部有孔，以便拇指握持。枪托长度和贴腮板可调，托底板为橡胶，不管射手的胳膊长短，握持都很舒服。

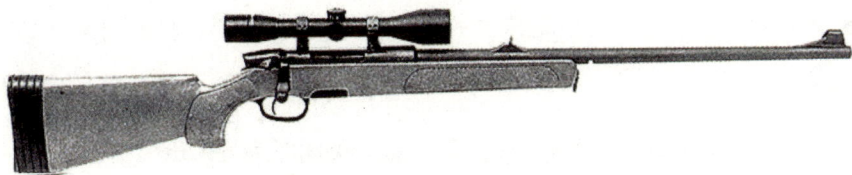

德国毛瑟 SP66 式7.62毫米狙击步枪

下护木宽大，左撇子射手也可握持射击。加上小握把，更增加了握持射击的稳定性。击针簧簧力很强，击针打击底火的速度非常快，枪机闭锁时间比毛瑟98式狙击步枪缩短了50%。该枪的扳机力和行程都可调整，扳机上还配有10毫米宽的扳机护圈，射手戴手套时也可射击。

该枪装有两种瞄准具座，一种安装蔡斯ZA1.5～6×42毫米变焦距望远瞄准镜；另一种安装夜视瞄准具。

该枪使用为其特制的7.62毫米狙击步枪弹，也可发射7.62毫米温彻斯特马格努姆枪弹。

◆ 意大利AR70/90式 5.56毫米突击步枪

意大利AR70/90式5.56毫米突击步枪于1990年7月装备意大利陆军，AR70/90式装备步兵，SC70/90式装备特种部队，SCS70/90式装备装甲部队。总共需要15万支，1993年前装备了5万支，其余1994年后陆续装备。

意大利AR70/90式 5.56毫米突击步枪结构特点：AR70/90式5.56毫米步枪在保留AR70式5.56毫米步枪基本结构的基础上，作了某些重要改进。全枪零部件较少，只有105个，且有80%的零部件可以互换，易于分解和结合，具有坚固、耐用、可靠等特点。

该枪采用导气式工作原理，回转式枪机闭锁，枪机上有两个闭锁突笋，活塞筒在枪管上方。活塞筒与气体调节器固定在一起，气体调节器有3个位置：打开时为正常位置，再打开为恶劣条件下使用的位置，关闭时为发射枪榴弹的位置。

梯形机匣用钢板冲压而成，钢制枪机导轨焊接在机匣壁上。机匣上部的提把由弹簧锁扣夹紧。卸下

意大利AR70突击步枪

提把，可根据北约STANAG2324标准，在楔形机匣盖上部安装光学瞄准镜或光电瞄准具。该步枪的结构特点如下：

瞄准装置：该枪的普通机械瞄准具为片状准星和觇孔式照门，表尺装定射程为0~250米和250~400米。

弹药：该枪使用北约5.56毫米枪弹。

◆ 日本89式5.56毫米突击步枪

89式步枪为轻型突击步枪，在设计上吸取了美国小口径步枪的一些优点，又结合本国的具体情况，颇具特色。该枪有两种型式：一种

采用折叠式管状铝合金枪托和塑料托底板，另一种采用固定式塑料枪托。89式步枪目前仍在生产，并装备日本自卫队。

日本89式5.56毫米突击步枪结构特点：89式步枪采用导气式工作

污染枪机，提高其动作可靠性和零部件的寿命。

该枪上有同比利时FNFNC5.56毫米步枪相似的气体调节器。长时间射击后，导气孔积碳太多，会造成枪机无足够能量退壳，但调大气

日本89式5.56毫米突击步枪

原理，其活塞和活塞筒系统独特，气体膨胀室较长。活塞前部直径小，后部直径大，位于活塞筒中央。当火药气体进入活塞筒后，在膨胀室膨胀，推活塞带动枪机框以低后坐运动。这样能避免火药气体

体调节器钮，可使枪机自动循环不致中断。闭锁方式为枪机回转式，机头上有7个闭锁突笋，闭锁在枪管节套中。有两根枪机复进簧。机匣用钢板冲压而成，钢制拉机柄焊接在枪机上。

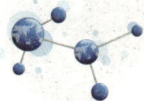

快慢机有4个位置：保险、单发、连发和3发点射。可卸式3发点射装置安排在扳机后部，是单独的部件，不与单发、连发的基本扳机机构连为一体。防尘盖也有所创新，可前后移动，不射击时向前推上，射击时在枪机拉柄后退过程中向后推开。该枪配有高效枪口制退器和两脚架。两脚架不用时可卸下，也可折叠起来。

冲锋枪

◆ 阿根廷冲锋枪

（1）阿根廷FMK-3改进2型9毫米冲锋枪

FMK-3改进2型9毫米冲锋枪FMK-3式9毫米冲锋枪是阿根廷1986年5月推出的产品，现装备阿根廷部队。该枪原型有两种枪托，一种是塑料制固定式枪托，另一种是金属制伸缩式枪托。改进2型仅生产伸缩式金属枪托型。

FMK-3改进2型9毫米冲锋枪采用自由枪机式工作原理，枪机包络枪管长达180毫米，使全枪长度减短，射击也易于控制。机匣用钢板冲压制成，机匣前有一个螺帽，可以快速固定或卸下枪管。枪管下方有一个塑料护木，护木上方为装填拉柄，拉柄还带有一个防尘盖。弹匣插在冲锋枪握把内，握把背部有手握保险。机匣左侧还有手动保险机柄。

（2）阿根廷PA3-DM式9毫米

阿根廷FMK-3改进2型9毫米冲锋枪

冲锋枪

　　PA3-DM式9毫米冲锋枪是阿根廷多明戈-马特轻武器工厂继PAM1式、PAM2式9毫米冲锋枪之后新研制的武器。PAM1式是20世纪40年代美国M3A1式冲锋枪的仿制改进产品，在仿制中作了如下改进：将口径由11.43毫米改为9毫米，使用9毫米帕拉贝鲁姆手枪弹；全枪长度缩短了32~44毫米，空枪质量减少了

480克；表尺由原来的固定式改为翻转式；个别零件尺寸和加工方法也有些改变。PAM2式是PAM1式的改进型，于1961年投产。主要改进是增加了单发射击功能，并增设了一个握把保险，只有握紧保险手柄时才能使枪机从保险阻铁上解脱。PA3-DM式是于20世纪60年代末开始设计的，1970年设计定型并准备生产，到了1977年约生产了14500

阿根廷PA3-DM式9毫米冲锋枪

支，用于装备阿根廷军队并向外出口。

阿根廷PA3-DM式9毫米冲锋枪结构特点：

PA3-DM式冲锋枪采用新型的包络式枪机结构，具有良好的射击稳定性，易于射手控制，必要时可进行单手射击，而且全枪长度也短。

该枪有两种结构型式，一种是固定式木枪托或塑料枪托；另一种是仿美国M3式冲锋枪的伸缩式金属枪托。

该枪采用自由枪机式工作原理，开膛待击。枪管约有2/3的长度（180毫米）被枪机包络。机匣为钢板冲压件，其前端有一个枪管固定螺帽。直弹匣装在握把内，容弹量

为25发。快慢机位于握把左侧，上面标有S、R和A，分别表示保险、单发和连发3个位置。还有一个握把保险在握把后部，作用是防止偶然走火。放松握把时，可自动将枪机锁在前方或后方。伸缩式金属枪托的固定卡销在机匣后部，当枪机处于前方位置时，拔出卡销，可将枪托从后方拉出。拉机柄位于枪的左前部，射击中机柄不动。

◆ 澳大利亚F1式9毫米冲锋枪

澳大利亚军队在1941年至1962年期间采用欧文冲锋枪作为制式武器。由于该冲锋枪存在着理论射速过高、枪太重、枪管不能完全互换等缺点，故军械部提出了研制F1式（原名X3）冲锋枪的任务，要求新枪在保留欧文冲锋枪优点的基础上减小质量，简化结构，使用安全可靠，各种零件具有良好互换性。

澳大利亚F1式9毫米冲锋枪

澳大利亚利思戈轻武器工厂按照军械部的上述要求，研制成功了F1式冲锋枪。该枪于1962年正式在澳大利亚军队列装，并取代了欧文冲锋枪。

澳大利亚F1式9毫米冲锋枪结构特点：

F1式9毫米冲锋枪的外形类似英国的斯特林L2A3式冲锋枪，大部分部件采用冲压件，全枪质量比欧文冲锋枪小，但又保持了欧文冲锋枪的精度。该枪结构简单，易于射手控制，各种零件具有互换性。

该枪采用自由枪机式工作原理、开膛待击和欧文冲锋枪相同的上方供弹方式。枪身为圆筒形，前部开了许多孔，以利于枪管散热。

该枪采用直枪托。拉机柄设在左侧，射击中机柄不动，但也可根据需要与枪机扣合，防止污物阻塞。弹匣可选用英国斯特林L2A3式的弧形弹匣或加拿大的C1式冲锋枪弹匣。该枪配用的L1A2式刺刀、握把和扳机装置等部件，均与澳大利亚L1A1式步枪相同。

快慢机上设有保险、单发、连发三个位置。快慢机位于保险位置时，可将击发阻铁和扳机可靠地锁住，防止武器受到撞击时走火。

乌鲁9毫米冲锋枪

◆ 巴西乌鲁9毫米冲锋枪

乌鲁9毫米冲锋枪于1975年初完成设计，1976年由巴西机械工业与贸易公司生产出第一支样枪，命名乌鲁，并交给巴西陆军马兰拜亚试验场进行试验。试验后又根据陆军的要求进行了改进。目前，该枪装

备巴西军队和警察，也向非洲、拉丁美洲和中东一些国家出口。

乌鲁9毫米冲锋枪具有结构简单，技术和使用性能良好，价格低廉的特点。该枪主要结构如下：

该枪采用自由枪机式工作原理，全枪包括弹匣和枪托在内仅有17个零部件。主要部件由焊接或点焊装配而成，经常承受冲击和摩擦的零部件均采用合金钢材料制成。枪口装有制退器，通过调整制退器上的螺旋，可补偿枪口跳动产生的射击误差。拉机柄设在机匣右侧，快慢机位于机匣左边、塑料握把的上方。快慢机有3个位置：S为保险位置、SA为单发位置、A为连发位置。该枪采用惯性保险机构，能有效地防止武器跌落或受到强烈撞击时引起的走火。

该枪枪托有可卸式枪托和折叠式金属托两种，可卸式枪托很容易牢固地套在机匣上。冲锋枪的全部零部件都具有互换性，枪管很容易换成带消声器的整体式枪管，实现微声射击。

瞄准装置：该枪采用机械瞄准具，准星为片状，表尺为觇孔照门固定式，射程为50米。

弹药：该枪发射9毫米帕拉贝鲁姆手枪弹。